太陽と太陽系の科学

谷口義明

太陽と太陽系の科学（'18）

©2018　谷口義明

装丁・ブックデザイン：畑中　猛

o-30

まえがき

　本講義は放送大学教養学部・自然と環境コースの専門科目の一つであり，「太陽系の科学（'14）」（吉岡一男，海部宣男）の後継科目でもある。太陽系は太陽という恒星を中心にしたシステムであるが，地球を含む8個の惑星，冥王星を含む5個の準惑星，小惑星などの太陽系小天体，プラズマ（電離ガス）や塵粒子など，多様な天体や物質から構成されている。私たち自身，太陽系の住人なので，太陽系は特別なものと思いがちである。しかし，私たちの住む銀河系（天の川銀河）には約2000億個もの恒星があり，おそらくほとんど全ての恒星には惑星が存在すると考えて良いだろう。実際，ここ20年の間に数千個もの恒星に惑星系が存在することがわかって来た。中には地球と同じような環境にある惑星も見つかり始めている。また，銀河系も特別な存在ではない。この宇宙には約1兆個もの銀河が存在する。そして，それぞれの銀河には数百億から数千億個の恒星がある。つまり，私たちの住む太陽系は決して特別なものではなく，「宇宙の中に数多（あまた）ある恒星系の一つである」と認識を新たにする時代になって来たのである。

　そのような状況の中，太陽系を研究する意義はどこにあるのだろうか？　まず太陽だが，宇宙の中で最も私たちに近い恒星である。距離は約1億5000万kmあるが，夜空に見える恒星のほとんどは数百光年から数千光年も離れている（1光年は光が1年間に進む距離で，約10兆km）。太陽はその近さゆえ，恒星の性質を研究するにはもってこいの天体なのである。太陽を含む太陽系は約46億年前に誕生したと考えられているが，この間，太陽は絶えず変化して来ている。私たちは太陽の恵みを受けているが，時として太陽は牙を向くこともある。その牙とは太

陽表面で発生する爆発現象，太陽フレアである。2017年9月6日に発生した太陽フレアは通常のフレアの規模の約1000倍の強さであった。そのため，地球の周りにある磁気圏が乱され，磁気嵐と呼ばれる現象が起きた。まれな現象とはいえ，地球上の生命体に深刻な影響を及ぼすこともあり得るであろう。したがって，太陽フレアの発生メカニズムを究明し，予報体制を整えることは肝要である。これは一例だが，太陽の研究は恒星全般の物理を理解する王道と位置付けることができる。一方，人類という知的生命体の起源を探るためには，地球などの惑星の形成と進化の研究が必須であることは論を待たないであろう。実際，人類は自然科学（物理，化学，生命学，数学など）の理解に努め，科学技術を発展させて来た。そして様々な波長帯で高性能の望遠鏡を作り，太陽系を含む宇宙を調べて来ている。さらに，太陽系をつぶさに調べるために探査機を打ち上げ，惑星や小惑星の研究に挑んで来ている。JAXAの探査機「はやぶさ」が小惑星"イトカワ"の表面物質を地球に持ち帰って来たことを覚えている方も多いだろう。同じくJAXAの金星探査機「あかつき」は異常に早いスピードで流れる金星の大気の観測に成功したことも偉業の一つである。また，NASAは探査機「ニュー・ホライズンズ」で冥王星の表面に予想もしない構造を見つけ，探査機「カッシーニ」は土星とその衛星を13年の長きにわたって観測し，貴重なデータを人類に与えたのち，土星大気に突入してその使命を終えた（2017年9月15日）。さらに，NASAの星間境界探査機IBEXは太陽系には尾（ヘリオテイル）があることを突き止めた。太陽系は静止しているのではない。銀河系の恒星とガスから成る円盤の中を周っているため，円盤内のガスと常に相互作用しているのである。人類はダイナミックな太陽系の進化を目の当たりにする時代を迎えつつあると言えよう。

　このように太陽と太陽系天体の探求は日進月歩の発展を見せて来てい

る。この講義では太陽と太陽系の新しい姿を紹介し，太陽系科学全般を理解できるように配慮している。また，宇宙の中の太陽系，銀河系の中の太陽系という幅広い見地からの，斬新な太陽系の見方も披露する。
"私たちはどこから来て，どこに行くのか？" フランスの画家，ポール・ゴーギャン（1848 – 1903）の残した問いかけである。ゴーギャンの時代，"私たち" は "人類" を意味していたのかもしれない。しかし，今の時代は違う。"私たち" が意味するのは，"この宇宙にある全ての生命体" のことである。本講義が，この根源的な問いに対して，新たな視点から答えを考える一助になれば幸いである。

2018 年 2 月

谷口　義明

目次

まえがき　3

1　太陽系の概観　｜谷口　義明　10
1. 太陽系　10
2. 太陽系の諸天体　20
3. 太陽系の広がり　27
4. 他の恒星系と地球型惑星　33

2　恒星としての太陽　｜谷口　義明　37
1. 恒星の世界　37
2. 恒星のエネルギー源　45
3. 恒星の誕生と進化　50
4. 天文学で用いられる特有な単位　55

3　太陽と地球　｜谷口　義明　62
1. 太陽の恵み　62
2. 太陽の構造　67
3. 太陽と地球　76

4 太陽系の誕生 ｜ 吉川　真　80
1. 星間雲　80
2. 太陽系形成論　82
3. 惑星軌道の移動　87
4. 天体力学　92

5 地球と月 ｜ 吉川　真　98
1. 地球の構造　98
2. 月　106
3. 月と人類　113

6 地球型惑星の世界 ｜ 宮本　英昭　117
1. 地球型惑星とは　117
2. 灼熱地獄の金星　123
3. 火星と地球　128
4. 小さな地球型惑星としてみた月　129
5. 月と似て非なる惑星－水星　132
6. 地球外惑星から学ぶこと　136

7 火星探査 ｜ 宮本　英昭　139
1. 探査が明らかにした火星の姿　139
2. 火星の進化と生命　145

8 | 巨大ガス惑星の世界
太陽系を太陽系たらしめた惑星たち　｜ 渡部　潤一　159
1. 木星と土星の基本　159
2. 太陽系形成時における巨大ガス惑星の役割　168
3. 巨大ガス惑星への探査　172

9 | 氷惑星の世界
太陽系の外縁にたたずむ惑星たち　｜ 渡部　潤一　175
1. 天王星と海王星の基本　175
2. 太陽系形成時からの天王星と海王星の履歴　185
3. 氷惑星への探査　188

10 | 惑星の衛星と環　｜ 宮本　英昭　189
1. 地球は奇跡の星なのか？　189
2. 太陽系の博物学　199

11 | 太陽系の小天体　｜ 吉川　真　207
1. 太陽系小天体　207
2. 小惑星　210
3. 彗星　218
4. 隕石・流星　222
5. 太陽系小天体と人類　224

12 | 太陽系の果て　　　　　　　　　　　　　　　　　｜ 吉川　真　228
  1. 冥王星　228
  2. 太陽系外縁天体　236

13 | 太陽系探査技術と今後の展開　｜ 吉川　真　243
  1. 太陽系天体探査の歴史　243
  2. ロケットの技術　249
  3. 探査機の技術　255
  4. 太陽系天体探査の動向　258

14 | 地球外生命
宇宙に生命がいるのは地球だけか　　　　　　　｜ 渡部　潤一　263
  1. 地球外生命の可能性　263
  2. 太陽系外の地球外生命の可能性　266
  3. 太陽系の地球外生命の可能性　275

15 | 銀河系の中の太陽系　　　　　　　　　　　　　｜ 谷口　義明　278
  1. 太陽系の周辺　278
  2. 銀河系の中の太陽系　284
  3. 銀河系から銀河の世界へ　290
  4. 銀河系の誕生と進化　293
  5. 銀河におけるハビタブルゾーン　298

索　引　302

1 | 太陽系の概観

谷口 義明

《目標&ポイント》 太陽系は太陽と惑星だけからなるものではなく,多数の小天体や塵粒子,高温の電離ガス(プラズマ)などを含む,極めて多様なシステムである。そこで,第1章では,多様な太陽系を惑星と小天体を中心に概観し,第2章以降の講義の導入を行う。
《キーワード》 太陽,恒星,地球,惑星,太陽系小天体

1. 太陽系

　太陽系は恒星としての太陽を中心にして,惑星や小天体,塵粒子やプラズマ(電離ガス)からなる恒星系の1つである。私たち人類が住む地球があるため,太陽系は特別な存在である。しかし,太陽は恒星としては極めて標準的な恒星であり,太陽とほぼ同じ質量の恒星は銀河系に100億個程度存在する。ちなみに,銀河系全体では約2000億個もの恒星がある(第15章)。

　恒星やその周りにある惑星の誕生と進化を理解することは天文学の基本課題の1つである。その意味で,太陽系の探求は極めて重要である。他の恒星系に比べて,詳細な研究ができるからである。そこで本章では,太陽系の認識から,太陽系を構成する諸天体を概観することにしよう。

(1) 太陽系の認識

　もし私たちが5000年前にタイムスリップし,現代の天文学の知識が

なかったとしたら，どのように太陽系を認識しただろう．とりあえず誰でも認める天体は太陽と月である．普通に生活している分には，地球の近くにある天体としては，この2つの天体しか意識しないだろう．夜空にきらめく恒星は季節とともに移ろっていくが，点状にしか見えないので，自分たちの近くにある天体だとは思わないだろう．少し注意深く夜空を眺めると，普通の恒星に比べて見かけ上明るい天体があることに気づく．金星，木星，土星，そして火星である．このうち，金星は他の3つの惑星とは異なる動きを示すことに気づく．明け方（明けの明星）と夕方（宵の明星）にしか見ることができないからである．しかし，なぜそのような動きをするか理解できるだろうか？　同様な動きをするものに水星があるが，見かけ上太陽に近すぎて，かなり注意深い人でなければ気づかないだろう．私は2回しか見たことがない．木星，土星，そして火星も，天球上で恒星とは異なる動きをすることに気づくかもしれないが，私には自信がない．いずれにしても肉眼で認識できる地球に近そうな天体は，太陽，月，金星，木星，土星，火星，そして水星ぐらいのものである．このうち，太陽と月はかなり大きく見えるので別格だと認識するだろう．残りの5つは恒星とは異なる動きをするので惑星（惑う星）と名付けたとしよう．しかし，肉眼ではここまでである．しかも，地動説が認められる前は，太陽系ではなく地球が宇宙の中心だと考えられていたので，"地球系"であった．こうしてみると，太陽系を科学的に正しく認識することは，意外と難しいことに気づく．

（2）太陽系の科学的認識

太陽系を科学的に認識するには，物理学の助けが必要になる．具体的にはニュートン力学（万有引力の法則）が世に出てくるまでは，経験的な理解に止まっていた．しかし，経験則は科学的理解への道を用意して

くれる。まず，重要だったのは，惑星の天球上での見かけの動きを長い期間にわたって正確に記録したことである。デンマークの天文学者であるティコ・ブラーエ（図1-1）の偉業である。観測だけでも偉業だが，彼の偉大なところは，データの解析には数学に長けた人物の助けが重要であることに気づいていたことである。そして雇われた学者の中に，ドイツの天文学者であるヨハネス・ケプラー（図1-1）がいた。ケプラーはブラーエの残してくれた膨大なデータを読み解き，有名なケプラーの法則を見出した。

ケプラーの法則
第一法則：惑星は太陽を1つの焦点とする楕円軌道上を運動する。
第二法則：惑星と太陽を結ぶ線分が単位時間あたりに掃く面積は一定である（**面積速度一定の法則**）。
第三法則：惑星の公転周期の2乗は，軌道長半径の3乗に比例する。

図1-1 太陽系の科学的理解に貢献した科学者
ティコ・ブラーエ（1546-1601）（左），ヨハネス・ケプラー（1571-1630）（中），アイザック・ニュートン（1642-1727）（右）

そして，時代はシンクロする。ケプラーの死後に現れた英国の物理学者アイザック・ニュートン（図1-1）が独自に運動の法則を見つけたのである。ケンブリッジのトリニティ・カレッジで勉学に勤しんでいた頃，ペストの流行で故郷に帰ったわずか1年半の間に『プリンピキア（自然哲学の数学的諸原理）』を書き上げた。そこに，万有引力の法則が認められていたのである。このとき，ケプラーの法則が役に立った。こうして惑星の運動はニュートン力学で矛盾なく理解されるようになったのである。

　ただ，ここに至る道は決して平坦なものではなかった。私たちは日常生活の中で，地球が24時間周期で自転していて，365日周期で太陽の周りを公転運動していることを意識することはない。そのため，地球中心の天動説が長い間信じられていたのだ。しかも，太陽も月も，地球の周りを回るという意味で惑星の範疇に入れられていた。実際，月は地球の周りを回っているが，月は地球の衛星であり，惑星ではない。

　惑星は天球上を不思議な動きをすることは紀元前にもわかっていた。恒星の間をあたかも逆戻りするような動きをするからだ。これらの動きを天動説で説明するには，非科学的な仮定を置かざるを得なかった。それが周転円である。惑星の軌道上にもう1つの円を設定し，惑星はその軌道上を運動すると考えるのである。古代ローマの哲学者，クラウディオス・プトレマイオスは自らの著書『アルマゲスト』の中で，周転円を用いた天動説を提案し（図1-2），それが長い間信じられることになった。

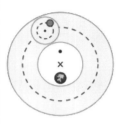

図1-2 天動説を唱えたクラウディオス・プトレマイオス（83-168）（左），彼の天動説モデル（中）と周転円の概念図（右）

　ケプラーの法則は明らかに地動説だが，それを先に読み切っていたのがポーランドの天文学者ニコラウス・コペルニクス（図1-3）であった。彼は司祭でもあったが，独自の天体観測のデータを用いて，恣意的に周転円を導入する天動説より地動説の方が理にかなっていると考えた。しかし，弾劾を恐れ，彼の著書である『天体（天球）の回転について』が出版されたのは彼の死後のことであった。

　もう1人の地動説の立役者はガリレオ・ガリレイ（図1-3）である。1609年。人類の天文学研究にとって歴史的な年になった。ガリレオは初めて望遠鏡を使って宇宙を眺めたのである。月面のクレーター，土星の耳（環），満ち欠けする金星，無数の星の天の川。そして彼は木星を見て地動説が直感的に正しいことを見切った。4つの衛星が木星の周りを回っていたからだ。ガリレオは弾劾され幽閉されたが，最期まで"地球は回る"と主張してこの世を去った話は有名である。

図1-3　地動説を唱えた二人：ニコラウス・コペルニクス（1473-1543）（左），ガリレオ・ガリレイ（1564-1642）（中）と彼が天体観測に用いた口径4cmの屈折望遠鏡（右〈写真提供：PPS通信社〉）

（3）土星を越えて

　20世紀に至る前に，2つの重要な発見があった。まず，天王星の発見である。英国の天文学者ウイリアム・ハーシェル（1738-1822）が1781年に発見した。じつは，同じ英国のジョン・フラムスチード（1646-1719）が一度おうし座34番星として登録したことがあった。見かけの等級は6等星ぐらいなので，観測は容易である。ハーシェルも移動天体として再発見したわけだが，最初は彗星だと考えた。その後の観測でようやく惑星として認知された経緯がある。

　そして，天王星の発見が次の惑星の発見につながった。海王星である。天王星の位置を精密に調べると，ふらつきがあることがわかったのである。天王星の外側に未知の惑星があり，天王星の軌道運動に影響を与えているのではないかと考えられた。ニュートン力学を使えば軌道を予測できる。こうして，1846年に海王星が発見された。19世紀までに「水・金・地・火・木・土・天・海」の8個の惑星の存在がわかった。

(4) 20世紀以降の太陽系

　20世紀になると，太陽系の範囲を広げる研究が盛んになった。第9惑星の探査を米国のローウエル天文台でしていたクライド・トンボー (1906-1997) がついに第9惑星を見つけた。これが冥王星である。

　しかし，20世紀，冥王星に暗雲が忍び寄る。それは冥王星の外側に発見された小天体1992 QB1である。ハワイ大学天文学研究所のデビット・ジューイット (1958-) とジェーン・ルー (1963-) によって発見された。名前が示す通り，1992年に発見された。軌道長半径は約44天文単位[1]。冥王星の軌道長半径は約39天文単位なので，冥王星の外側の軌道を回っている。ただし，冥王星の軌道は円軌道からかなりずれているので，1992 QB1の外側に来ることがある。直径は120 kmなので，冥王星 (2370 km) の1/20程度だが，冥王星の外側にこのような天体があることは驚きを持って迎えられた。そして，1992 QB1はその後発見される太陽系外縁天体の走りとなった。その個数はすでに1000個を越えている。これらは太陽系外縁天体という名前の他に，海王星以遠天体 (trans-Neptunian object, TNO)，あるいはエッジワース・カイパーベルト天体とも呼ばれる (図1-4)。エッジワース・カイパー ベルトの名前の由来はアイルランドの天文学者ケネス・エッジワース (1880-1972) とアメリカの天文学者ジェラルド・カイパー (1905-1973) が彗星の故郷として仮説的に提唱したことによる。

---

[1]　astronomical unit：au。地球と太陽との平均距離で，約1億5000万km。なお，以前はAUと略されていたが，2012年8月に開催された国際天文学連合の総会での決議以来，auが使われているので注意されたい。

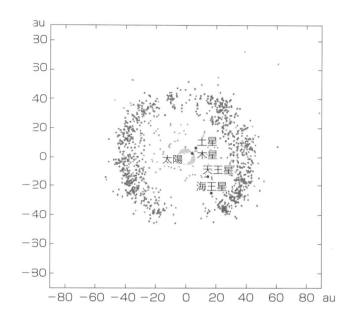

図1-4 エッジワース・カイパーベルト天体の分布図
（出典：https://ja.wikipedia.org/wiki/エッジワース・カイパーベルト#/media/File:Outersolarsystem_objectpositions_labels_comp.png）

　90年代に入ると，困ったことに発見された太陽系外縁天体に冥王星より重いものが見つかり始めた。そのため，冥王星は本当に惑星なのかという疑問が湧き上がってきた。そして，2006年に開催された国際天文学連合の総会で惑星の新たな定義が提案され，冥王星はその定義を満たさないことが判明した。以下に採択された惑星の定義を示す。

- 太陽の周りを公転運動する
- 十分大きな質量を持つため，自己重力が固体としての力よりも勝る結果，重力平衡形状（ほぼ球状）を持つ
- その軌道近くから他の天体を排除している

太陽系外縁天体が見つかった結果，冥王星は3番目の基準を満たさないので惑星とは認定されないことになった。そこで，冥王星には新たなカテゴリー名が与えられることになった。それは"準惑星（dwarf planet）"である。準惑星の定義は惑星の定義の第3番目の項目が異なる。

すなわち，

- その軌道近くから他の天体が排除されていない

これが条件になる。また，もう1つの条件が付加される。

- 惑星の衛星ではない

これは当然である。準惑星は現時点では表1-1の5個が知られている。

また，惑星と準惑星以外の他のすべての天体は太陽系小天体（small solar system bodies）と総称されることになった。太陽系小天体といえば，その代表格は歴史的には小惑星（minor planet）である（図1-5）。アステロイド（asteroid）とも呼ばれるが，これは望遠鏡で見ると恒星のように見えることから18世紀にウイリアム・ハーシェルが命名したものである。

表1-1 現在までに発見された準惑星（『理科年表』平成29年版より）

名前	長直径 (km)	平均密度 ($10^3 kg \cdot m^{-3}$)	軌道傾斜角 (°)	軌道離心率	軌道長半径 (au)	公転周期 (年)	自転周期 (日)
冥王星	2370	1.8	17.1	0.252	39.593	248	6.4
エリス	2400	2.3	44.2	0.442	67.664	561	～1.1$^?$
マケマケ	1400	—	29.0	0.154	45.756	305	7.8
ハウメア	990×1540×1920	2.6	28.2	0.189	43.335	282	3.9
ケレス	952	2.3	10.6	0.076	2.768	4.60	9.075

注：ケレス（セレス）以外の4個は，冥王星型天体と略称される。

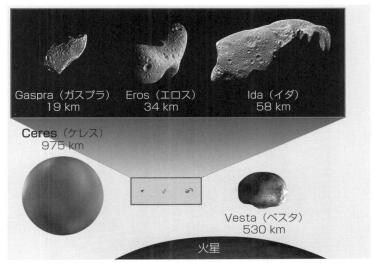

図1-5　小惑星の例
　下の天体は火星。ケレスは準惑星に分類されているが，確かにほぼ球形であることがわかる。

（出典：NASA）

　もともとティティウス・ボーデの法則[2]から火星と木星の間に何か天体があると考えられたが，1801年に最初の小惑星として，ケレス（Ceres, あるいはセレス）が発見されて以来，現在までに30万個以上も発見されている。
　小惑星は軌道要素を確定し，独立した小惑星であることが認定されると命名権を得ることができる。私自身は小惑星の探索はしていないが，群馬県のアマチュア天文家である小林隆男氏が彼の発見した小惑星の1つに私の名前を冠してくださった（図1-6）。大変光栄である。

---

2)　惑星の太陽からの距離 a は以下の数列で表される。$a = 0.4 + 0.3 \times 2^n$。ここで a は天文単位で表される。n は水星，金星，地球，火星，木星，土星に対してマイナス無限大，0，1，2，4，5となる。小惑星帯は $n = 3$ に対応する。18世紀後半，ヨハン・ダニエル・ティティウス（1729-1796）とヨハン・ボーデ（1747-1826）によって指摘された経験則。

図1-6 スミソニアン天文台の発行する小惑星サーキュラーに掲載された小惑星Taniguchiの説明文（上）と小惑星Taniguchiの写真（中央の2つの線に挟まれた天体）

（写真提供：小林隆男氏）

2. 太陽系の諸天体

(1) 太陽系の諸天体

　こうして，太陽系には太陽という恒星の支配下に多様な天体があることがわかってきた（図1-7）。さらには天体とは呼ばないが，塵粒子や電離ガス（プラズマ）が分布している。また，電離ガスがあることから，磁場があり，さまざまな物理現象を引き起こしている。太陽のみならず，惑星には固有の磁気圏がある。地球のみならず木星や土星でも極地方にオーロラが観測されるが，磁気圏の存在が重要な役割を果たしている。

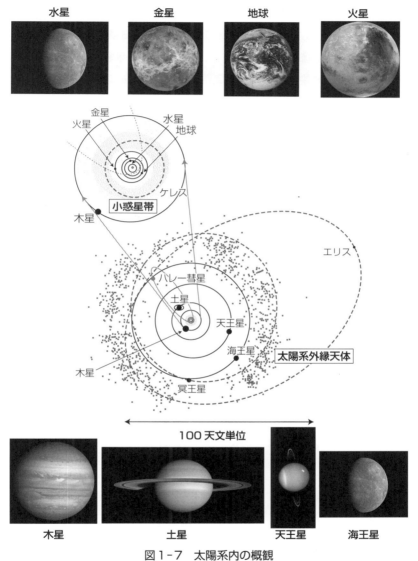

図1-7 太陽系内の概観
太陽系外縁天体の例としてはエリスが示されている。　　　（出典：NASA）

(2) 惑星の性質と起源

太陽系の主人である太陽については第2章と第3章で詳しく説明するので,この章では言及しない。また,惑星と準惑星については第6章から第11章に詳しい説明があるので,そこでの解説に繋がる基本的な性質のみ概説することにしよう。

まず,表1-2に惑星の性質をまとめた。ここで注目して欲しいことが2つある。

- 太陽系の質量の99.9％は太陽が担う(表1-2「質量比」を参照)
- 太陽系の角運動量(回転運動の大きさを表す物理量)は木星などの大惑星が担う(表1-2「角運動量比」を参照)

これらの性質は太陽系の形成時に中心にある星へ質量が集中すると同時に,角運動量は外側にある惑星が担うように力学的に進化したことを意味する。つまり,原始太陽系ガス円盤では,効率的に角運動量を外側へ輸送するメカニズムが存在し,中心にある原始星(原始太陽)の質量が増加したのである。

表1-2 惑星の性質 (提供:茗荷谷徹氏)

	質量 (10^{24} kg)	半径 (km)	密度 (g cm^{-3})	自転周期 (hour)	慣性モーメント
太陽	1988500	696000	1.411	648	0.07
水星	0.33	2440	5.427	1407.6	0.35
金星	4.87	6052	5.243	−5832.5	0.33
地球	5.97	6378	5.514	23.9	0.331
火星	0.642	3397	3.933	24.6	0.366
木星	1898	71492	1.326	9.9	0.254
土星	568	60268	0.687	10.7	0.21
天王星	86.8	25559	1.271	−17.2	0.225
海王星	102	24764	1.638	16.1	0.23

（3）恒星と惑星系の誕生過程

　太陽のような恒星はどのようにして形成されるか考えてみよう。恒星の形成過程に関するアイデアの1つを図1-8に示した。恒星の誕生過程では，冷たい（10 K程度；K［ケルビン］は絶対温度で0 K = −273 ℃）分子ガス雲の中で密度の高くなった分子雲コアが自己重力で収縮して原始星へと進化していく。原始星が生まれるにはガス雲のコア中心へとガスが流入していくことが必要であるが（図1-8左(a))，一般に分子雲コアは角運動量を持っているため，角運動量を外部へ輸送しながら収縮していく（図1-8左(b)）。このプロセスでは，中心部にガス円盤を形成しながら，円盤と垂直方向へガスを吹き出すが（分子ガス双極流）（図1-8(c)），この過程も角運動量の外部への輸送に寄与する。ガス円盤の中心では原始星が質量を獲得し，中心部で熱核融合（第2章参照）が始まると恒星の誕生となる。ガス円盤では恒星に近いほど密度が高いので，薄い構造を作る（図1-8右(a)，(b)）。ガス円盤の中で密度の高く重力が効く場所で塵粒子（あるいは岩石）の凝集が起こり，周辺のガスも重力で集めながら，惑星へと進化していく（図1-8右(c)，(d)）。このようにして，恒星と惑星の系が誕生する。

自転角運動量 $(\mathrm{kg\,m^2\,s^{-1}})$	公転半径 $(10^6\,\mathrm{km})$	公転周期 (day)	公転角運動量 $(\mathrm{kg\,m^2\,s^{-1}})$	質量比 (%)	角運動量比 (%)
1.82E+41	–	–	–	99.866	0.57
8.52E+29	57.9	88	9.14E+38	0.00002	0.00
−1.77E+31	108.2	224.7	1.85E+40	0.00024	0.06
5.87E+33	149.6	365.2	2.67E+40	0.00030	0.08
1.92E+32	227.9	687	3.53E+39	0.00003	0.01
4.34E+38	778.6	4331	1.93E+43	0.095	61.03
7.07E+37	1433.5	10747	7.9E+42	0.029	24.95
−1.29E+36	2872.5	30589	1.7E+42	0.004	5.38
1.56E+36	4495.1	59800	2.51E+42	0.005	7.92

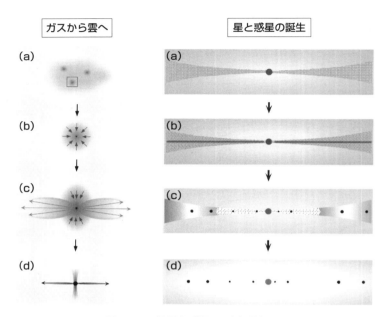

図1-8 恒星と惑星の誕生過程
左のパネルではガス円盤は鉛直方向(上下方向)にあり,右のパネルでは水平方向(左右方向)に入っていることに注意。　　　　　(図版資料提供:平野尚美氏)

(4) 太陽系の惑星の多様性

太陽系も概ねこのようなプロセスを経て太陽と惑星が形成されたと考えられている。しかし,このプロセスでは惑星の質量や性質を規定するメカニズムが明確ではない。表1-2に示すように太陽系の惑星は水星から火星までの密度は概ね5 g cm^{-3}であり,主として岩石でできた惑星である(地球型惑星)。一方,木星から外側の惑星は大型で,ガスや氷が主成分になる。そのため,密度も概ね1 g cm^{-3}程度でしかない。図1-9に太陽系の惑星のサイズの比較を示したが,地球型惑星とそれ以

図1-9 太陽系の惑星のサイズの比較
一番左には太陽表面が示されている。
（出典：https://ja.wikipedia.org/wiki/太陽系#/media/File:Solar_system_scale-2.jpg）

外の差は極めて顕著である。

この差は，ガス円盤から惑星が形成されたとき，太陽（熱源）からの距離の差で理解される（図1-10）。太陽からの距離が離れると，ある距離より遠いところでは，ガス成分は氷になる。その場所を雪線（スノーライン）と呼ぶ。雪線より内側では岩石が凝集した地球型惑星が形成されるのに対し，その外側では氷惑星になる。その後，ガス円盤に残されたガスを集められたものが，大量のガスを纏った木星型惑星（木星と土星）になるが，その外側では氷惑星のままとなる。それらは氷が支配的な天王星型惑星（天王星と海王星）になる。このようにして，同じ太陽系の惑星でも個性的な種類の惑星に分化していくと考えられている。

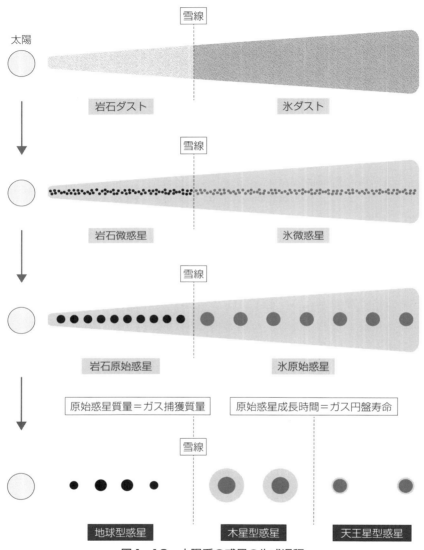

図1-10 太陽系の惑星の生成過程
（図版資料提供：小久保英一郎氏）

3. 太陽系の広がり

（1）太陽系の外縁部

太陽系はどこまで広がっているのだろうか？ 表1-1の冥王星型の準惑星は4個あるが，それより遠方の小天体が見つかり始めている。1つはセドナであり，もう1つは2012VP113である。それぞれ太陽からの距離（近日点）は76 auと80 auである。

セドナに冥王星と同程度の大きさがあるとされ（図1-11），より詳細な観測を待って，準惑星に選定されるかもしれない。公転軌道はかなり楕円軌道だが，冥王星の遥か彼方まで広がっていることがわかる（図1-12）。実際，遠日点は約1000 auであると推定されている。

セドナと2012VP113，および表1-1の4個の冥王星型天体の6個の軌道はかなり偏っていることが知られている（図1-13）。この偏りを説明するには，まだ見つかっていない質量の大きな太陽系天体，すなわち惑星級の天体が潜んでいる可能性がある。その天体は第9惑星（プラネット・ナイン）と呼ばれ，すばる望遠鏡などを用いた探査が行われつつある。発見されれば大ニュースになるだろう。

図1-11　セドナと太陽系内天体との大きさの比較

図中の数字，地球・月は半径，準惑星は直径。

（出典：https://ja.wikipedia.org/wiki/セドナ_(小惑星)#/media/File:Sedna_Size_Comparisons.jpg）

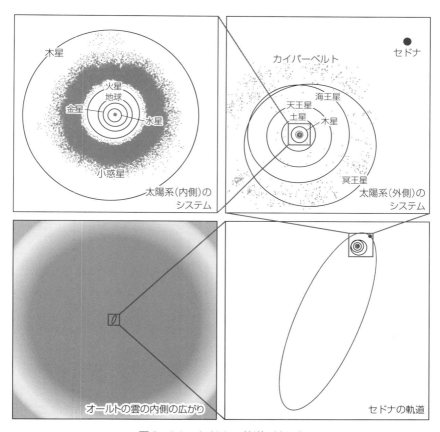

図1-12 セドナの軌道（右下）

木星より内側（左上），冥王星より内側（右上），およびオールトの雲（左下）とのスケールの比較が示されている。

（出典：ht:ps://ja.wikipedia.org/wiki/セドナ_(小惑星)#/media/File:Oort_cloud_Sedna_orbit.svg）

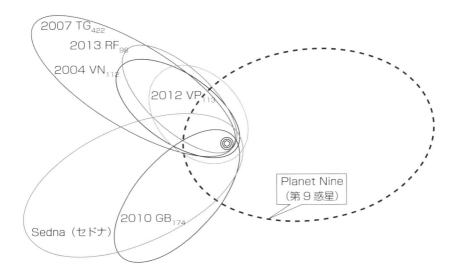

図1-13　6個の太陽系外縁天体の軌道とプラネット・ナインに対して予想される軌道（破線）
（出典：https://ja.wikipedia.org/wiki/プラネット・ナイン#/media/File:Planet_Nine_animation.gif より一部改変）

（2）彗星の故郷

　太陽系の外縁部の探求には太陽系外縁天体が発見される半世紀以上も前から大きな関心が寄せられていた。「彗星はどこからやってくる？」それが20世紀前半から大きな問題であったからである。

　彗星は太陽系小天体のうち，氷や塵粒子が固まってできたものが太陽に近づいて太陽の放射によりガスや塵粒子が放出されて尾のような構造を形成するものである。彗星の軌道はさまざまであるが（図1-14），公転周期が200年以下のものを短周期彗星，それより長いものを長周期彗星と呼ぶ。長周期彗星の中には放物線軌道や双極線軌道を持ち，回帰しない一過性の彗星も含まれる。

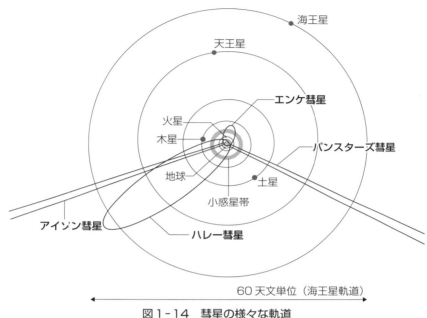

図1-14 彗星の様々な軌道
（国立天文台の公開情報より転載）

　彗星は夜空に雄大な尾を見せてくれるので，昔から人々の関心を集めてきた。20世紀以降，最も雄大な姿を見せた彗星は"池谷・関彗星（C/1965 S1）"である（図1-15）。小惑星の場合は発見者に命名権が与えられるが，彗星の場合は発見順に3名までの名前が付けられる。小惑星，彗星，超新星の発見では，日本のアマチュア天文家の活躍は顕著であり，天文学の発展に貢献してきている。

図1-15 池谷・関彗星の勇姿(左)と発見者の関勉氏(写真左：右は筆者)
望遠鏡は池谷・関彗星など，3個の彗星の発見に用いられた関氏自作のコメット・シーカー(彗星探査専用望遠鏡)。撮影は2014年，高知の芸西天文学習館にて。

1950年ごろ，エッジワースとカイパーが揃って太陽系の外縁部に関心を持ったのは，彗星の起源を求めてのことだった。時を同じくして，オランダの天文学者であるヤン・オールト(1900-1992)が長周期彗星の軌道を系統的に調べて，これらの彗星は太陽から数万au離れた領域からやってくるのではないかと提唱した。これが1950年のことだった。その領域は"オールトの雲"と呼ばれている(図1-16)。仮にこの領域に冥王星クラスの小天体があると，見かけの等級は40等星程度でしかない。現在人類が手にしている望遠鏡では決して観測することができないくらい暗い。ちなみにハッブル宇宙望遠鏡の限界等級は29等星である。口径30mの地上超大型光学望遠鏡が完成しても，限界等級は33等星である。

太陽系の全貌を明らかにするにはオールトの雲の領域の探査が必須になるが，将来の課題として残されている。

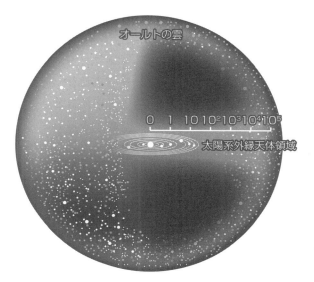

図1-16 オールトの雲
(「理科年表」オフィシャルサイトより転載)

4. 他の恒星系と地球型惑星

　ここまで，太陽系の概要を紹介してきた．ところで，太陽系のようなシステムは宇宙にどのぐらいあるのだろう？　また，地球に似た惑星は宇宙にどのぐらいあるのだろう？　これらの問題は第15章で取り扱うことにするので，詳細には触れないが，最近興味深い観測成果が出てきているので，紹介しておくことにしよう．

　まず，太陽系の前期進化段階にあるような星が，銀河系の中で見つかってきた．おうし座HL星で見つかった惑星系形成の現場である（図1-17）．この観測は南米チリ共和国のアタカマ高地にあるALMA（Atacama Large Millimeter/Submillimeter Array）という大規模電波

干渉計によって成された。ALMAは波長1.3 mmの電波連続光でおうし座HL星を角分解能0.035秒角で観測することに成功した。この角分解能は視力に換算すると2000になる。図1-17で明るいリング状に見えている場所はチリ粒子が多数存在し、赤外線や電波を放射している。その中に、暗いリング状の構造が何本か見ることができる。これらの場所では惑星が形成され、軌道運動しながらチリ粒子を掃いていくため、暗く見えている。円盤全体のサイズは太陽系の海王星軌道より少し大き目だが、まさに恒星の周りで惑星が形成されている現場が発見されたことになる。ALMAは他にも類似の惑星系形成の現場を発見しており、おうし座HL星が特別なケースではないことを明らかにしつつある。

もう1つの気になるのは、地球と類似する惑星があるかという問題で

図1-17 おうし座HL星で見つかった惑星系形成の現場（左）と太陽系（右）左は同じスケールで示してある。

（出典：ALMA（ESO/NAOJ/NRAO））

ある。これについても進展がある。太陽系以外の恒星の惑星探査はここ20年で大きく進み，既に3000個以上の系外惑星が見つかってきている。その中で，αケンタウリ（ケンタウルス座α星）で発見された地球型惑星に大きな関心が寄せられている（図1-18）。それはこの星が太陽に最も近い恒星だからである（距離は4.3光年）。この発見はまだ確認されていないが，この他にも地球型惑星は見つかり始めている。αケンタウリのように太陽に近い恒星の場合，探査機を送り込める可能性が出てく

図1-18　亘星αケンタウリを構成する星と太陽の比較（上）とプロキシマで発見された地球型惑星の想像図（下）
(PHOTO ILLUSTRATION BY ESO, M. KORNMESSER)

るからである。スティーブン・ホーキングはレーザービーム照射で推進する切手大の小型探査機を α ケンタウリに飛ばす計画を提案している。"ブレークスルー・スターショット" と呼ばれるミッションである。光速の20％で進むので，約20年で α ケンタウリに到達する。得られたデータは電磁波で送信するので約4年で結果がわかる。実現すれば，現実的な期間内に成果が得られるだろう。α ケンタウリのみならず，知的生命体の探査も含めて，地球型惑星の探査の進展が期待される。

参考文献

吉岡一男，海部宣男『改訂版 太陽系の科学』放送大学教育振興会，2014
渡部潤一，佐々木晶，井田茂 編『太陽系と惑星』(シリーズ現代の天文学 第9巻) 日本評論社，2008
谷口義明 編『新・天文学事典』(第9章，第10章) 講談社，2013
渡部潤一，渡部好恵『最新 惑星入門 (朝日選書)』朝日新聞出版，2016
井田茂，田村元秀『系外惑星の事典』朝倉書店，2016

2 | 恒星としての太陽

谷口　義明

《目標&ポイント》　私たちにとって，太陽は地球に多大な恵みを与えてくれる特別な存在であるが，銀河系全体で考えると，太陽も約2000億個存在する恒星の1つでしかない。そこで，様々な質量を持つ恒星の誕生と進化を通して，恒星としての太陽をこの講義では理解していく。
《キーワード》　太陽，恒星，熱核融合，元素

1. 恒星の世界

（1）太陽とは何か

まずは，太陽のさまざまな物理的性質について見ておこう（表2-1）。

表2-1　太陽の物理量　（「理科年表」平成29年版より）

物理量	値
質量（$M_\odot$）	1.989×10^{30} kg
半径（$R_\odot$）	6.960×10^{8} m
平均密度	1.41×10^{3} kg m^{-3} = 1.41 g cm^{-3}
表面重力	2.74×10^{2} m s^{-2}
脱出速度	617.5 km s^{-1}
総輻射量＝光度（$L_\odot$）	3.85×10^{26} W
有効温度	5777 K
スペクトル型	G2V
実視等級	-26.75
実視絶対等級	$+4.82$

なお，太陽と地球の平均距離は第1章でも述べたように天文単位：au（astronomical unit）と呼ばれ，値は，

  1 au = 149, 597, 870, 700 (m)

である。なお，天文単位は長らくAUと略されていたが，2012年8月に開催された国際天文学連合総会でauとすることが決められた（→p.16 脚注1）参照）。

 表2-1に出てくる質量から光度までは，普通の物理学の範疇で理解できる用語である。しかしながら，有効温度，スペクトル型，実視等級，および実視絶対等級という用語については説明が必要であろう。スペクトル型については恒星全体に係わることなので「2. 恒星のエネルギー源」（→p.45）で説明する。また等級については「4. 天文学で用いられる特有な単位」（→p.55）にまとめておいたので参考にしてほしい。

 ここでは，有効温度について説明する。私たちが太陽などの恒星を観測するとき，恒星の表面を見ていることになる。恒星の表面部分は熱平衡状態（熱の出入りする量が同じ）にあり，ある一定の温度になっている。熱平衡状態にある物体は入射してくるすべての電磁波を吸収するので，色は黒く見える。そのため黒体（black body）と呼ばれ，そこからの放射を黒体放射と呼ぶ[1]。半径Rの球状の黒体からの放射光度Lは以下のシュテファン・ボルツマンの法則で与えられる。

$$L = 4\pi R^2 \sigma T_{\text{eff}}^4 \qquad ①$$

ここでσはシュテファン・ボルツマン定数であり

$$\sigma = 5.670 \times 10^{-8}\ \text{Wm}^{-2}\text{K}^{-4}$$

で与えられる。黒体の光度と半径が与えられると①式から温度が一意的に得られ，それを有効温度（T_{eff}：effはeffectiveの略）と呼ぶ。

---

[1] 黒体放射のスペクトルはプランクの放射式で表される。詳細は放送大学専門科目『量子と統計の物理』を参照。

太陽の紫外線，可視光から近赤外線帯における放射スペクトルを図2-1に示した。太陽は近似的に黒体放射と見なせる放射を出しているが，太陽表面にあるさまざまなガスによる吸収を受けている。そのため，厳密な黒体放射ではない。しかし，①式を用いることで，黒体放射としたときの温度を有効温度として定義できるのである。

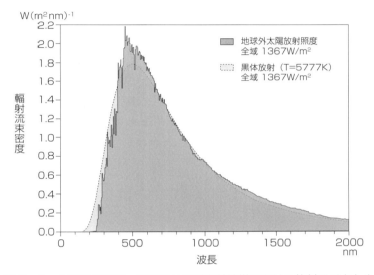

図2-1　太陽の紫外線，可視光から近赤外線帯における放射スペクトル
　グレーの外側の線は大気圏外で測定された太陽のスペクトル。点線は温度約5800 Kの黒体放射。縦軸は輻射流束密度で，横軸は波長。

(2) 恒星の分類

　夜空に輝く星々が太陽と同じ原理で輝いている恒星であると見切ったことは大いなるステップであった。なぜなら，太陽を恒星の1つとして，一般化して理解する道が開けたからである。

　恒星の見かけの明るさ（等級）と距離が測定できると，その絶対的な明るさ（絶対等級）がわかる。絶対等級は天体を10パーセク（pc）の距離に置いたときの等級だが，表2-1を見ると太陽の実視絶対等級は4.82等でしかない（天体の距離と等級については「4. 天文学で用いられる特有な単位」を参照）。ここで"実視"は"可視光帯で観測した"という意味である。つまり，太陽は地球の近くにあるので，非常に明るく見えていただけで，ごく普通の恒星であることがわかる。実際，銀河系の中には太陽と同じ質量の恒星は100億個程度あると推定されている。

　恒星の性質にはバラエティがあることがわかっていたが，見かけの明るさは距離に依存する観測量なので，恒星の分類には用いることはできない。しかし，絶対等級であれば分類に使える。また，恒星の色は表面温度で決まるので，物理的な指標になる。そのため，恒星の絶対等級と表面温度（色）で分類する方法が提案された（図2-2）。この図はデンマークの天文学者アイナー・ヘルツシュプルングと米国の天文学者ヘンリー・ラッセルによって，20世紀の初頭に独立して提案されたので，2人の頭文字を取ってHR図（正式には「ヘルツシュプルング・ラッセル図」）と呼ばれている。この図で，左上から右下の線上に分布する恒星が多数観測されたので"主系列星"と呼ばれるようになった。主系列星はあとで述べる"水素燃焼"（→p.46）でエネルギーを得ている恒星であり，太陽もその1つである。

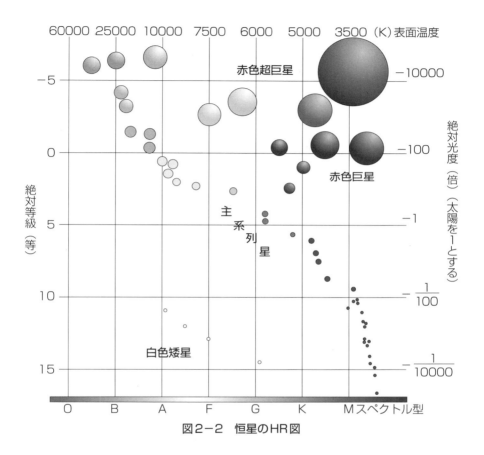

図2-2　恒星のHR図

　一方，HR図でも採用されているが，恒星の特徴として"色"は重要である。さそり座のα星であるアンタレスは"(赤く見える)火星の敵"として名付けられたように，赤い色をした恒星である。一方，全天で一番明るく見える，おおいぬ座α星のシリウスの色は青い。色は恒星の表面温度を反映しているので，恒星を色（表面温度）で分ける分類法が提案された次第である。

ハーバード大学天文台のエドワード・ピッカリング（1846-1919）らは恒星の表面温度の高い順に，

　　　　ＯＢＡＦＧＫＭ

の7つの型に分類する方法を提案し（ハーバード型スペクトル分類），今でもこの型が標準的に用いられている。各型は0から9に細分されていおり，太陽のスペクトル型はG2である。幾つかのスペクトル型の恒星の性質について表2-2にまとめておく。

表2-2　スペクトル型による主系列星の性質の違い

スペクトル型	質量 $m\ (M_\odot)$	実視絶対等級 $M\ (V)$	有効温度 $T_{\text{eff}}\ (K)$
O5	60	-5.7	42000
B0	17.5	-4.0	30000
B5	5.9	-1.2	15200
A0	2.9	0.65	9790
A5	2.0	1.95	8180
F0	1.6	2.70	7300
F5	1.4	3.50	6650
G0	1.05	4.40	5940
G5	0.92	5.10	5560
K0	0.79	5.90	5150
K5	0.67	7.35	4410
M0	0.51	8.80	3840
M5	0.21	12.3	3170

ハーバード型は恒星の色による分類であるが，恒星の絶対等級を基準にする分類法も提案された。それを光度階級と呼ぶ（表2-3）。

表2-3　恒星の光度階級

光度階級	名称
I	超巨星
II	明るい巨星
III	普通の巨星
IV	準巨星
V	矮星（主系列星）

　ハーバード型スペクトル分類と光度階級を合わせた分類法はMK分類と呼ばれ，1943年にW．モルガンらによって提案された。MK分類を加味すると，太陽のスペクトル型はG2Vとなる。MK分類は記号で表記されているので便利であるが，恒星の本質はHR図に現れている。鍵となる物理量を見極め，図を作ることの重要性がわかる好例である。

　ここで，実際に恒星のスペクトルの例を見ておこう（図2-3）。ハーバード型で上位に分類される型の恒星の方が青い波長帯で明るいことがわかる。また，いずれの恒星でも連続光だけでなく，多数の吸収線が見られる。青い星では水素原子のバルマー線が顕著だが，赤い星になると様々なイオンや分子の吸収線が目立つようになる。

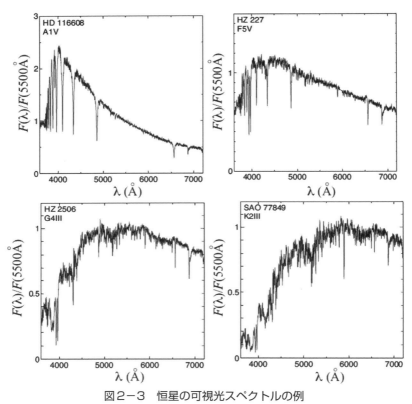

図2−3 恒星の可視光スペクトルの例

縦軸は波長5500Åの値で規格化した放射強度。横軸は波長，波長の単位はオングストローム：Å。$1Å=10^{-10}$ m=0.1 nm（ナノメートル）。

各パネルの左上段には，恒星の名前とスペクトル型を示した。

(図版資料：『銀河進化論』塩谷康広，谷口義明より)

2. 恒星のエネルギー源

(1) 恒星はなぜ光る

　陽はまた昇る。私たちのっとて太陽は永遠の輝きを放つ，ありがたい存在のように思える。しかし，膨大な熱エネルギーを安定して供給できる太陽のような存在は考えてみると不思議である。そのため，20世紀に入る前から，太陽がなぜ安定して輝いているか大きな謎であった。仮に石炭を燃やしていれば，数千年の寿命しかないし，重力エネルギーを使ったとしても，数千万年に満たない寿命である。しかし，地球の年齢はどう考えても数十億年ありそうなので，大きな矛盾として問題視されていた。この問題が解決を見たのは，1920年代に核融合反応が発見された時である。イギリスの物理学者ジョン・コッククロフト（1897-1967）らに加速器を用いて陽子の加速実験中に原子核が他の原子核に変換される様子を捉えることに成功した。その際，エネルギーの高い電磁波が発生するが，それこそ核融合でエネルギーが取り出せるメカニズムであることに気づいたのである（以下の「質量欠損（→p.47）」を参照）。

(2) 熱核融合

　太陽（恒星）のエネルギー源について説明しよう。金星，火星，木星，土星などの惑星も夜空に明るく輝いて見えるが，これらは太陽の光を反射することで明るく見えているだけであり，自らエネルギーを生成して光を発することはない。太陽（恒星）は自己重力で収縮したガス球であるが，内部にあるガスの圧力で重力崩壊することを防いでいる天体である。しかし，単なるガス圧では自己重力のため潰れてしまうので，エネルギー源が必要である。それを担うのが太陽（恒星）の中心部で発

生する熱核融合だが，これは恒星にとって必然的に起こる物理過程である。

　宇宙にある元素の90％は水素で，10％はヘリウムである。リチウム以降の重い元素（重元素[2]）はすべて足し合わせても0.01％にも満たない。本書では述べないが，宇宙が誕生した直後の約3分間に水素とヘリウムが生成されたため，このような元素組成になっている。したがって，恒星は基本的に水素とヘリウムから成っていると考えてよい。太陽の中心部では温度が1600万度に達し，圧力も$2.4 \times 10^{20} \mathrm{dyn\,cm^{-2}}$（約2500億気圧）と非常に高い。このような状況下に水素原子核（陽子）が詰め込まれると，熱核融合が起こり，ヘリウム原子核が生成される。これを"水素燃焼"と呼ぶ。このときガンマ線が放射され，周辺の電離ガス（プラズマ）に吸収されて熱エネルギーとなる。

　水素燃焼は水素原子核（陽子）4個を融合させてヘリウム（He）原子核を作る反応であるが，実際には水素原子核の4体衝突は極めて起こりにくいので，以下のように2体衝突の積み重ねで核融合反応が起こる。

$$p + p \rightarrow {}^{2}H + e^{+} + \nu_{e}$$
$$^{2}H + p \rightarrow {}^{3}He + \gamma$$
$$^{3}He + {}^{3}He \rightarrow {}^{4}He + p + p$$

ここで，pは陽子，e^{+}は陽電子，ν_{e}は電子ニュートリノ，^{2}Hは重水素，^{3}Heはヘリウム3である。上記の一連の反応を"陽子‐陽子連鎖反応（proton‐proton chain，あるいはp‐p chain）"と呼ぶ（図2‐4）。

---

[2] リチウム，ベリリウム，ホウ素は軽元素とし，炭素以降を重元素と呼ぶ場合もある。

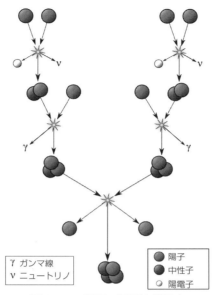

γ ガンマ線
ν ニュートリノ

陽子
中性子
陽電子

図2-4　陽子-陽子連鎖反応

　陽子-陽子連鎖反応では4個の水素原子核が熱核融合されてヘリウム原子核が1個できるが，この反応が起こると0.7％だけ質量が減少する。それを質量欠損と呼ぶ。この量を Δm で表すと，

$$\Delta m = 4\,m_\mathrm{p} - m_\mathrm{He}$$

と表されるので，この熱核融合の過程におけるエネルギーの生成率 ε は

$$\varepsilon = \Delta m / 4\,m_\mathrm{p} = 0.007$$

であることを意味する。

　質量とエネルギーの等価性[3]から

$$E = \Delta m \cdot c^2$$

---

[3]　アルベルト・アインシュタインの特殊相対性理論から導かれる概念。

のエネルギーが放射されることになる。ここでcは光速である。

水素を使い切ると今度はヘリウムを核融合させて炭素を作る反応などが続いていく（ヘリウム燃焼）。ヘリウム原子核はa粒子とも称されるが、炭素は3個のa粒子が熱核融合して生成されるので、この反応はトリプルa反応と呼ばれる。

前節で見たように、恒星の内部で発生する核融合の方法や進み方は恒星の質量や進化段階によって異なる。太陽のような恒星では陽子-陽子連鎖反応で熱核融合を行うが、太陽より3倍以上重い恒星では中心部の温度が2000万Kを越えるため、CNOサイクルと呼ばれる熱核融合が主たる反応になる（図2-5）。

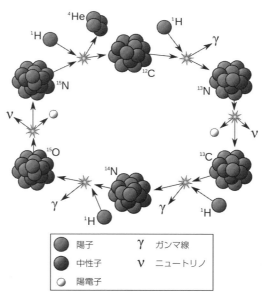

図2-5　CNOサイクル

炭素や酸素はヘリウム原子核をユニットとして合成される。ヘリウムはビッグバン原子核合成で生まれた元素なので宇宙にはたくさん存在する。そのため，ヘリウム原子核をユニットとして合成される元素は一次元素と呼ばれる。一方，窒素は原子番号が7，質量数14であるため，ヘリウム原子核から直接合成されず，CNOサイクルを通じて合成される元素である。そのため，二次元素と呼ばれる。したがって，CNOサイクルは銀河における化学進化には重要な反応である。

　太陽より重い恒星（太陽の質量の10倍以上）では中心の温度が15億Kを超えるので，さらに核融合が続く。炭素，ネオン，酸素，ケイ素の原子核同士が核融合を起こしていき，最終的に安定な鉄原子（^{56}Fe）を作るまで熱核融合は続く（図2-6）。

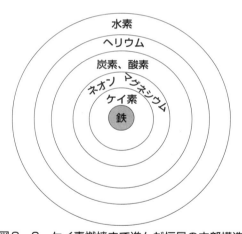

図2-6　ケイ素燃焼まで進んだ恒星の内部構造
　　　　　　　　　　　　（図版資料：『新・天文学事典』より）

3. 恒星の誕生と進化

（1）恒星の質量

恒星や銀河の質量は一般に太陽の質量を単位として表される。表2-1にあるように，太陽の質量は約2×10^{30} kgで，これを$1M_\odot$と表す。自ら熱核融合を起こして輝いている恒星の質量には下限があり，$0.08M_\odot$である。これより低質量だと中心部で陽子－陽子連鎖反応が起きないためである。ただし，重水素の場合，陽子－陽子連鎖反応が起きない低温でも熱核融合が起きうるので（恒星の中心部の温度が250万Kを越えると発生する），暗く低温の恒星のようになりうる。これらは褐色矮星と呼ばれ，実際に観測されている（表2-4，図2-7）。ちなみに木星の質量は太陽の約1/1000なので，恒星にはなり得なかった。

表2-4 褐色矮星の分類

スペクトル型	表面温度（K）
L	1300 － 2500
T	600 － 1300
Y	＜ 600

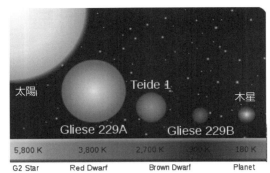

図2-7 褐色矮星 Gliese 229B（右）と太陽や木星との比較（左）

Gliese 229Bの表面温度は1200 K以下で，質量は木星の20-50倍程度と推定されている。

（出典：https://ja.wikipedia.org/wiki/褐色矮星#/media/File:Brown_Dwarf_Gliese_229B.jpg）

一方，恒星の質量の上限は$100M_\odot$程度と考えられている。これより質量が大きくなると大気に脈動不安定性が発生し，力学的に安定になる質量まで急速に外層のガスを放出してしまうからである。

では，恒星の質量はどうやって決まるのだろうか？　恒星は分子ガス雲の密度の高い部分（分子雲コア）が自己重力で収縮して誕生するが，質量を決めるメカニズムは未だ特定されていない。銀河系の太陽系近傍の星々を観測することで，どの程度の質量の恒星がどの程度生成されたかについてはデータがまとめられている。大質量星は短命なので（例えば太陽の50倍の質量を持つ星の寿命は数百万年），観測されにくいことを考慮して，恒星の初期質量関数（initial mass function, IMF）が評価されている。IMFは単位質量のガスあたり，どのような質量の恒星が何個生成されるかを与え，$\phi(m)$と表記される。ここでmは星の質量である。$\phi(m)$はmのベキ関数で表され，

$$\phi(m) \propto m^{-(1+x)}$$

で与えられる。太陽系近傍の恒星に対しては$x = 1.35$である。1955年，この値を初めて評価したのは米国の天文学者エドウィン・サルピーター（Edwin E. Salpeter, 1924-2008）であった。そのため，$x = 1.35$である$\phi(m)$はサルピーターIMFと呼ばれる。恒星の形成理論の1つの目標はこのIMFを自然に説明するものであることは論を待たない。

（2）恒星の光度

恒星や銀河の光度は一般に太陽の光度を単位として表される。表2-1に与えたように太陽の光度は3.85×10^{26} W（ワット）で，これを$1L_\odot$と表す。中心で水素が熱核融合してヘリウムを合成する際に放出されるエネルギーで輝いている主系列星では，質量が大きい恒星ほど光度が大きいという関係（質量-光度関係）があり，その関係は

$$L \propto M^{3.45}$$

で近似的に表される。この関係を用いると$10M_\odot$の恒星の光度は約$3000L_\odot$になる。つまり、$10M_\odot$の1個の恒星の光度を太陽質量の恒星で賄うためには3000個必要であることがわかる。

（3）恒星の誕生と進化

　恒星はすでに述べたように、分子ガス雲の中で密度の高いコアの部分が重力収縮して誕生する。最初は重力エネルギーを解放して輝き出すが（原始星）、中心部で熱核融合が発生すると主系列星という安定なフェーズに入る（図2-8）。太陽の場合、主系列星としての寿命は100億年なので、現在の太陽の年齢（46億歳）を考えると、あと50億年余は持つ。

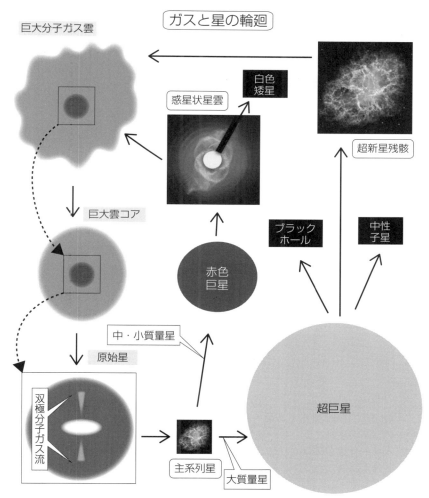

図2-8 恒星の一生の概念図

巨大分子ガス雲の密度の高い場所が自己重力で収縮し，分子雲コアを形成する。コアはさらに自己重力で収縮するが，角運動量を持っているためガス円盤を作りながらさらに収縮を続ける。その際，角運動量を輸送するために双極分子ガス流が発生する（図の左下）。その後，ガス球の中心部で熱核融合が発生することで恒星が誕生する。その後の進化については，p.50「3. 恒星の誕生と進化」の解説を参照。

恒星のその後の運命は質量に依存する（図2-8）。太陽の4倍の質量より軽い恒星は，中心部での陽子 - 陽子連鎖反応が終わると，ヘリウム原子核のコアができる。その後，このコアの周辺で水素燃焼が始まり，その圧力で星の外層は膨らんでいき，赤色巨星と呼ばれる恒星になる。一方，コアは重力収縮していくが，電子の縮退圧[4]で重力崩壊を止めることができる。この状態の恒星を白色矮星と呼ぶ。表面温度は1万K程度になるので，水素や酸素などを電離することができる。そのため，外層に吹き出されたガスは電離され，さまざまな輝線放射を出し，惑星状星雲[5]として観測されるようになる。

　太陽の10倍以上重い恒星は陽子 - 陽子連鎖反応のあとも炭素燃焼などが続き，最終的に鉄のコアができる。鉄は原子核の中では最も安定な原子核であるため，核融合反応を起こさない。そのため，鉄のコアは恒星の自己重力で収縮が進み，やがて中心の温度が30億度を超えるようになる。この状況になると，鉄（^{56}Fe）がヘリウム（^{4}He）と中性子（n）に分解する反応が起こる。

$$^{56}\text{Fe} + \gamma \longrightarrow 13\,^{4}\text{He} + 4\,\text{n} - 124.4\text{ MeV}$$

---

[4] 素粒子は自転に関連する量子数を持ち，それをスピン量子数と呼ぶ。このスピンの値が半整数になっているものをフェルミ粒子と呼ぶ。フェルミ粒子は同じエネルギー状態を保つことができないため，粒子はエネルギーの低い準位から詰め込まれた状態になる。この状態を縮退と呼び，それによって生じる圧力を縮退圧と呼ぶ。

[5] 惑星状星雲は名称に惑星という用語が使われているが，惑星とは全く関係がない。恒星は太陽を除けば点状にしか見えないが，惑星はある有限な角直径を持って見える。小望遠鏡で星雲を観測していた時代，惑星のように明瞭且つ有限な角直径を持って見える星雲を惑星状星雲と呼んだため，その名前が今でも使われている。

これは光分解反応と呼ばれるが，吸熱反応であるため，コアの圧力が下がりさらに収縮していく。これが重力崩壊と呼ばれる現象である。その際，コアの外側の物質は中心部に落ち込むが，コアに跳ね返されて超新星爆発を起こす。コアの行方は二通りある。中性子の縮退圧で崩壊を免れたものは中性子星として残るが，完全に崩壊したものはブラックホールとなる。

(4) 太陽の進化

太陽は約50億年後にはコアでの陽子-陽子連鎖反応が終わり，赤色巨星へと進化していく。コアは白色矮星になり，吹き出された外層のガスを電離して惑星状星雲を形成する。水星，金星，地球などは赤色巨星の中に取り込まれることが予想されるので，地球上の生命体は終焉を迎えることになるだろう。

4. 天文学で用いられる特有な単位

ここでは，天文学でよく用いられる天体までの距離や天体の等級などの概念を裾遺的に説明しておく。必ずしも本書を読む際に必須の事項ではないが，天文学における常識に親しんでおいて欲しい。

(1) 天体までの距離

- 光年：1光年は光が1年間に進む距離である。光の（真空中での）スピードは秒速29万9793 kmで，1年としてユリウス年（= 365.25日）を採用すると，

$$1 \text{（光年）} = 29万9793 \text{ (km s}^{-1}\text{)} \times 365.25 \text{日}$$
$$= 9.46 \text{兆 km}$$

を得る。

- **パーセク（pc）**：天体までの距離を測る場合，天文学で一般に用いられる単位はパーセク（pc）である。これは，三角測量を応用した距離の単位で，図2-9のように年周視差Pを用いる。Pは観測する恒星から太陽と地球を見込む角度である。恒星と太陽および地球までの距離をそれぞれdとaとすると，

    $\tan P = a/d$

なので，

    $d = a/\tan P$

を得る。$P = 1$秒角（1/3600度）の場合

    $d = 3 \times 10^{16}$ m $= 3.26$ 光年

になるが，これを1パーセク（pc）と定義する。

なお，この方法で天体までの距離を測定しようと考案したのは，第1章で紹介したティコ・ブラーエである。ただ，当時は年周視差を正確に測定でいなかったので，この方法は実用にはならなかった。

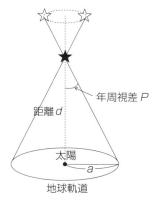

図2-9　年周視差を用いる距離の指標：パーセク

（2）天体の等級

次に等級（magnitude）の定義について説明する。

- 見かけの等級（m）：こと座のα星（ヴェガ [Vega]，織姫星）の見かけの等級を各バンドで0等級とする。ちなみに正確な数字を示すと550 nm（ナノメートル＝10^{-9} m）での輻射強度は

$$3.4 \times 10^{-9} \, \mathrm{erg \, cm^{-2} \, s^{-1} \, Å^{-1}}$$

になる。ここでÅはオングストローム（10^{-10} m）である[6]。

これより，1/2.5の明るさが1等級，さらに1/2.5の明るさになると2等級というように定義される（精確には1/2.512）。例えば，Vバンドでの見かけの明るさが10等級の場合は$V=10$というように表す。等級は数字が小さい方が明るいことに注意。

- 絶対等級（M）：天体を10 pcの距離においたときの明るさを絶対等級Mとして定義する。見かけの等級mとは次式で関係づけられる。Dはpc単位で測った銀河までの距離である。

$$M = m - 5 \log (D/10)$$

この式を

$$m - M = 5 \log (D/10)$$

と変形すると，見かけの等級と絶対等級の差が天体までの距離に一意的に対応する。そのため$m-M$は距離指数（distance modulus）と呼ばれる。

- 等級と光度の関係：見かけの等級は測定された輻射強度fと

$$m = -2.5 \log f + 定数$$

---

6) 可視光天文学では伝統的にオングストローム（10^{-10} m）を波長の単位として使ってきた。しかし，cgs単位系ではなくMKSA単位系の使用が標準的になってきた現在ではnm（10^{-9} m）を使うことが多くなってきている。なお，天文学関係の学術論文では未だにcgs単位系やオングストロームが使われている。

という関係がある。ここで，定数はどのような等級基準をとるかで決まる。これと同様に絶対等級は天体の光度Lと

$$M = -2.5 \log L + 定数$$

という関係がある。太陽の場合にも

$$M_\odot = -2.5 \log L_\odot + 定数$$

という関係がある（$M_\odot$はここでは太陽質量と同じ記号になっているが，太陽の絶対等級であることに注意）。これら2式を差し引くと

$$M - M_\odot = -2.5 \log (L/L_\odot)$$

となり，これを変形すると

$$L/L_\odot = 10^{-(M-M_\odot)/2.5}$$

という関係式が得られる。

- **AB等級**：ヴェガ等級はヴェガのスペクトルエネルギー分布に依存する等級の定義になっている。また，実際の観測では輻射流速密度（フラックス，flux）を測定するので，フラックス・ベースの等級の方が扱いやすい。そのため，最近では，以下で定義されたフラックス・ベースのAB等級というシステムが用いられることが多い。

$$AB = -2.5 \log f_\nu - 48.60$$

ここでf_νは輻射流速密度で単位は$\mathrm{erg\ s^{-1}\ cm^{-2}\ Hz^{-1}}$である。これを$f_\nu$について解くと

$$f_\nu\,(\mathrm{Jy}) = 3631 \times 10^{-0.4\mathrm{AB}}$$

と表せる。ここでJy（ジャンスキー）は$10^{-23}\mathrm{erg\ s^{-1}\ cm^{-2}\ Hz^{-1}}$である。この形式を見てわかる通り，AB等級は3631 Jyのフラットなスペクトルを持つ天体の等級を周波数に関わらず0等級にするものである。この簡単な定義により，さまざまな透過曲線を持つフィルターに対しても容易に等級を求めることができるようになった。

- **波長帯（バンド）**：天体の見かけの等級を測定する場合，ある波長帯

だけを通すフィルターが用いられる。表2-5によく用いられる観測波長帯を示す。

表2-5 可視光から赤外域でよく使われる波長帯

波長帯（バンド）	説明[a]	重心波長（ミクロン[b]）
U（Ultraviolet）	可視光／近紫外	0.36
B（Blue）	可視光／青	0.44
V（Visual）	可視光／可視	0.55
R（Red）	可視光／赤	0.70
I（Infrared）:	可視光／赤外	0.90
J	近赤外	1.25
H	近赤外	1.60
K	近赤外	2.20
L	近赤外	3.40
M	中間赤外	5.00
N	中間赤外	10.2
Q	中間赤外	22

a：UからIまでは可視光で，意味のある帯域（バンド）名が付けられている。しかし，J以降はアルファベット順に名前がつけられている。ちなみに，Iバンドは赤外とあるが，可視光帯の中で最も赤外線に近い"可視赤外"という意味である。

b：μm（マイクロメートル）

- **星間ガスによる吸収**：天体から放射された電磁波は，星間ガスを通過するときにダストによる散乱や吸収のために，一般に減光を受ける。この現象を星間吸収（interstellar extinctionあるいはinterstellar reddening）と呼ぶ。ここでreddening（赤化）という言葉を使うの

は，青い光（波長の短い光）の方が余計に吸収を受け，星間吸収の影響で天体の色が赤くなるからである．例えばレーリー（Rayleigh）散乱の場合（ダストのサイズが光の波長に対して十分小さい場合の散乱）は，散乱断面積は波長の -4 乗に比例するので，波長の短い光の方が余計に散乱される．

　星間吸収量は等級で表される．吸収を受けない場合の天体からの放射強度（f_0）と吸収を受けたときの天体からの放射強度（f）に対応する天体の等級を m_0 および m とすると，吸収量 A は波長 λ の関数として

$$A(\lambda) = m - m_0 = -2.5\,[\log f(\lambda) - \log f_0(\lambda)]$$

として表される．ここで，星間物質による吸収は光学的な厚さ $\tau(\lambda)$ を導入すると

$$f(\lambda) = f_0(\lambda)\,e^{-\tau(\lambda)}$$

となり，これから

$$A(\lambda) = 1.0857\,\tau(\lambda)$$

という関係が得られる．光学的な厚さ $\tau(\lambda)$ は星間ガスによる吸収量を視線に沿って積分したものになる．

　星間吸収の量は可視光の V バンド（重心波長 550 nm）で表すのが一般的である．ダストが水素原子ガスとよく混ざって存在し，ダストと水素原子ガスの質量比が 1：100 程度の標準的な星間ガスの場合，$A(V) = 1$（あるいは $A_V = 1$ と表記）等級は水素原子ガスの柱密度が約 $1.5 \times 10^{21}\,\mathrm{cm}^{-2}$ の場合に相当する．

参考文献

野本憲一,佐藤勝彦,定金晃三編『恒星』(シリーズ現代の天文学 第7巻) 日本評論社, 2009

桜井隆,小杉健郎,柴田一成,小島正宣編『太陽』(シリーズ現代の天文学 第10巻) 日本評論社, 2009

福井康雄,大西利和,中井直正編『星間物質と星形成』(シリーズ現代の天文学 第6巻) 日本評論社, 2008

米谷民明,岸根順一郎『量子と統計の物理』放送大学教育振興会, 2015

3 | 太陽と地球

谷口　義明

《目標&ポイント》 地球は太陽の恵みを受けているが，太陽フレアなどの太陽表面での爆発現象の影響も受けており，太陽と地球の関係は想像しているより複雑である。そこで，この章では太陽の活動性を中心に説明し，太陽と地球の相互関係を正しく理解する。
《キーワード》 太陽，地球，太陽風，太陽フレア，磁気嵐，オーロラ，宇宙天気

1. 太陽の恵み

（1）太陽定数

　私たちは太陽の恵みを受けている。その恵みを単位時間あたり，単位面積あたり，どの程度のエネルギーに相当するかで客観的に評価することができる。それは太陽定数と呼ばれ，

$$1.37 \text{ kW m}^{-2} = 1.37 \text{ J s}^{-1} \text{ m}^{-2} = 1.96 \text{ cal min}^{-1} \text{ cm}^{-2}$$

という値である（太陽定数を表す記号はないが，ここでは便宜的に$C_\odot$とする）。上式で，kW，J，calはそれぞれキロワット，ジュール，カロリーである。ただし，この値は地球大気の表面で測定した値であり（人工衛星による測定），地表に届くのは約50％である。約20％は大気で吸収され，残りの約30％は大気で反射されている。

　地球の半径rは6378 kmなので，断面積σは，

$$\sigma = \pi r^2 = 1.28 \times 10^{14} \text{ m}^2$$

である。従って，地球全体が受け取る単位時間あたりのエネルギーEは

$$E = C_{\odot} \times \sigma = 1.75 \times 10^{14} \text{ kW}$$

になる。距離1auにおける球の表面積Sは

$$S = 4\pi (1 \text{ au})^2 = 2.81 \times 10^{23} \text{ m}^2$$

である。従って，太陽が等方的にエネルギーを出しているとすると，太陽の総エネルギー放射量（光度）$L_{\odot}$の値として

$$L_{\odot} = ES/\sigma = 3.84 \times 10^{26} \text{ W}$$

を得る。この値は第2章の表2-1に与えた数値を概ね一致していることがわかるであろう。

太陽定数は定数という言葉が付いているが，厳密には定数ではない。図3-1に示すように太陽から放射されるエネルギー量は11年周期の時間変動を示す。変動の程度は0.1％と小さいが，周期性を持つ様子は興味深い。

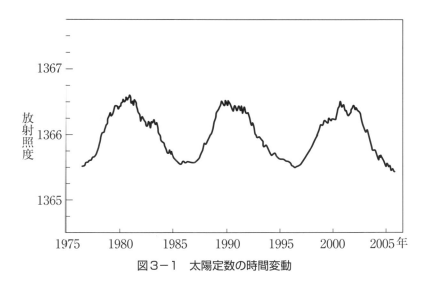

図3-1　太陽定数の時間変動

（2）変動する太陽

太陽の時間変動を如実に示す画像が，日本の太陽X線観測衛星「よう

こう」によってもたらされている。「ようこう」は3年半のミッション・ライフ・タイムを想定して1991年に打ち上げられたが，幸い10年を超えて太陽のX線観測を行うことができた。そのため，まさに太陽の11年周期の1サイクルを追跡することができた（図3-2）。

　太陽活動の周期性は，太陽黒点の数が周期的に変化することに着目したドイツの天文学者ハインリッヒ・シュワーベ（1789-1875）が

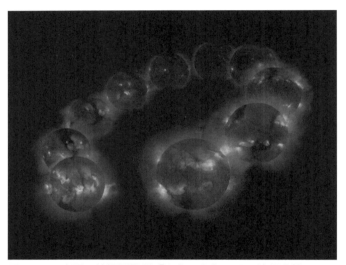

図3-2　太陽X線観測衛星「ようこう」の硬X線望遠鏡による太陽の時間変動
（出典：https://upload.wikimedia.org/wikipedia/commons/c/c2/The_Solar_Cycle_XRay_hi.jpg）

1843年に発見したものである。歴史的な経緯で1755年から1766年の期間を第1太陽周期と呼ばれ，図3-2と図3-3に見られる周期は第22周期に相当する。実際，図3-2に見られるX線の強度には太陽黒点の数と相関していることがわかる（図3-3, 図3-6）。

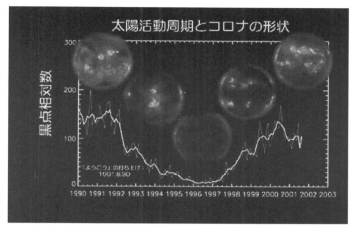

図3-3 太陽X線観測衛星「ようこう」の硬X線望遠鏡による太陽の時間変動と太陽黒点数との相関 ©JAXA宇宙科学研究所
（出典：http://www.isas.jaxa.jp/j/isasnews/backnumber/2003/ISASnews262.pdf）

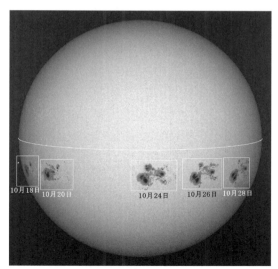

図3-4 巨大な太陽黒点が太陽の自転[1]と共に移動していく様子
（写真：国立天文台太陽観測所）
（出典：http://solarwww.mtk.nao.ac.jp/jp/topics/NOAA12192_v5.png）

---

1) 太陽の自転周期は赤道上で25.38日である。高緯度では赤道付近より長い周期で自転している（差動自転と呼ばれる）。

太陽の黒点はガリレオ・ガリレイによって1610年に初めて望遠鏡で観測された。それ以来，太陽研究の1つの重要な手段として現在まで綿々と続けられている。黒点は図3-4に示すように太陽表面（光球）の温度（約6000 K）に比べて2000 K程度低いため，暗く見えている（「2. 太陽の構造」→p.67）。

　黒点は太陽活動の周期性と連動して発生場所が変化する。図3-4に示すように，周期の初めの頃には，黒点は中緯度地方に現れるが，その後赤道に近いところで発生するようになる。そのため，図3-5のような蝶が羽を広げたようなパターンが観測される。

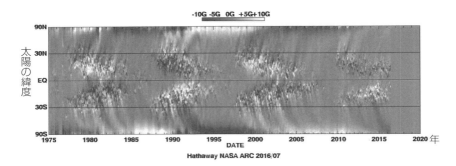

図3-5　太陽黒点の発生場所の時間変化
その形からバタフライ・ダイアグラムと呼ばれる。
（出典：https://ja.wikipedia.org/wiki/太陽活動周期#/media/File:Synoptic-solmag.jpg）

　黒点は周辺部に比べて磁場が強くなっており，磁極の時間変動が太陽活動の周期性に関連していることが米国の天文学者ジョージ・ヘール（1868-1938）によって1919年に明らかにされた。磁極は1つの活動周期では北半球と南半球で反対の向きを保つが，次の周期では両半球での磁極の向きが反転する。これが繰り返されることになるので，じつは太

陽活動の周期は22年でワンセットなっている。ただ，黒点の個数で見れば11年周期になっているということである。

太陽活動の周期性はいつでも保たれてきたわけではない。図3-6に示すように1645年から1715年の期間，黒点数が極めて少ない状態が続き，この期間をマウンダー極小期と呼ぶ。この時期は地球が寒冷化し，イギリスのテムズ川が凍結したことが記録されている。

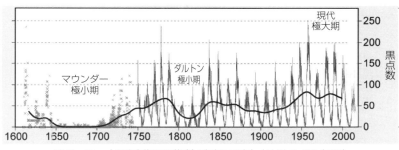

図3-6　太陽活動の周期性が破れる例（最近の400年間）
（出典：https://ja.wikipedia.org/wiki/太陽活動周期#/media/File:Sunspot_Numbers.png）

2. 太陽の構造

（1）太陽の内部構造

太陽の中心部では熱核融合反応により水素原子がヘリウム原子核になるさいにエネルギーを放出していることを述べた。それでは，太陽の内部や表面にはどのような構造をしているのだろうか？　まず，太陽の全体像を図3-7に示した。水素燃焼しているコアは分厚い放射層と対流層に守られているため，安定した核融合炉になっている。

図3-8にスケールを入れた太陽の断面図を示す。コアは太陽半径の1割以内に存在する。その周りは放射層で太陽半径の0.7倍まで広がって

いる。ここではコアで生成された熱が放射として伝播され，その外側にある対流層まで運ばれる。放射による輸送が対流に置き換わるのは，この部分では対流の方が熱の伝播効率が高くなるからである。対流層の外側は光球であり，私たちが太陽の表面と認識する部分である。厚みはわずか数百kmしかない。光球の外側

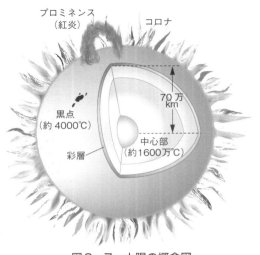

図3-7　太陽の概念図

には数千kmから1万kmの厚みで彩層が広がっている。彩層は光球とコロナの中間領域として位置づけられ，温度は遷移層に近づくにつれて上昇し，1万K程度に加熱されている（図3-9）。

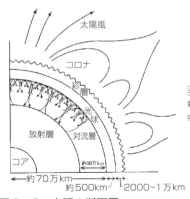

図3-8　太陽の断面図
（出典：「最新画像で見る太陽（柴田・大山・浅井・磯部）」より）

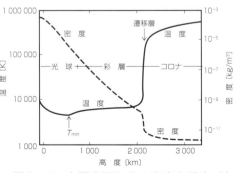

図3-9　太陽表面からの高度と温度（左の縦軸）および密度（右の縦軸）の関係
（出典：『新・天文学事典』図8-6より）

（2）太陽表面での現象

　太陽表面はすでに紹介した黒点の他に多様な構造が見られる。図3-10に様々な波長でみた太陽像を示す。白色光（可視光）では光球を見ているが，多数の黒点も見ることができる。Hα線[2]は光球の上に広がる彩層にある電離ガスを見ている。また，電波では彩層とコロナが，X線ではコロナ（図では白く見える場所）を見ることができる。X線画像で暗く見えている場所はコロナホールと呼ばれる。以下では太陽表面

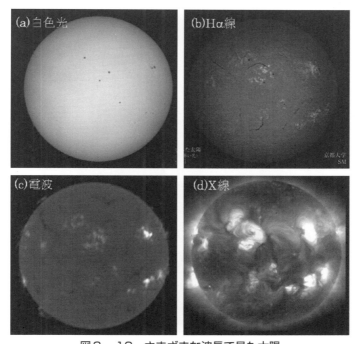

図3-10　さまざまな波長で見た太陽
　　（a）可視光（白色光），（b）Hα線，（c）電波，（d）X線
　　　　　　　　　　（出典：『新・天文学事典』図8-7より）

[2]　水素の再結合線で，主量子数$n=3$から$n=2$へ遷移する際に放射される。

およびその上層に広がる構造を見ていくことにしよう。

① **黒点** 黒点は周辺より温度が2000度程度低いために黒く見えているが,黒点の構造を決めているのは約3000ガウス[3](地球の磁場の1万倍の強度)の強度がある強い磁場である。図3-11に黒点の例を示したが,左下が磁場の分布図である。この強い磁場の影響で内部の熱が伝わりにくくなっているために,温度が低くなっている。黒点は太陽表面の下部に存在する磁気チューブが浮上することで形成されると考えられている(図3-12)。

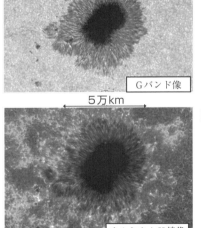
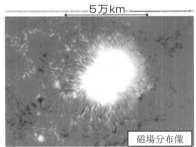

図3-11 黒点の可視光画像(上左),磁場の分布図(上右:白がN極で,黒がS極),一階電離のカルシウムの吸収線で見た黒点の上層にある彩層の様子(下)。
(出典:http://hinode.nao.ac.jp/gallery/)

---

3) 国際単位系(SI)ではテスラ(T)が用いられる。1テスラ=10^4ガウス

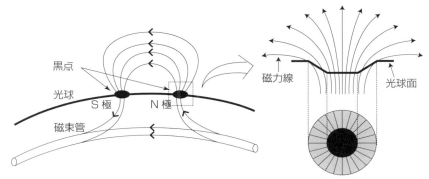

図3−12 磁気チューブの浮上による黒点の形成(左)と黒点(右)の概略図
（出典：『新・天文学事典』図8-13より）

② 粒状斑

粒状斑は太陽表面にある泡状の構造のように見えるが，実際には1つ1つの泡がセルのような構造になっており，対流で表面に浮き上がることでその姿を見せている（図

図3−13 粒状斑(左)とその構造の概念図(右)
（出典：写真はhttp://hinode.nao.ac.jp/gallery/，図は『新・天文学事典』図8-9より）

3-13)。セルの中央部は下層から熱いガスが湧き上がるので温度が高くなっている。一方，内部にガスが入り込んでいく場所（セルの境界）では温度が低いために暗く見えている。

③ スピキュール

光球から彩層に向けて棘のように伸びる構造がスピキュールである（図3-14）。光球には粒状斑があるが、これらが一塊となって超粒状斑（サイズは3万km程度）を形成しているが、これらが大局的な対流運動をしており、磁力線が光球面下に沈み込む場所ができる。その周辺でスピキュールが発生している。上昇速度は30 km s^{-1}にもなるが、寿命は5分程度しかない。長さは約6000 kmもある。太陽表面の動的な性質を表しているといえよう。

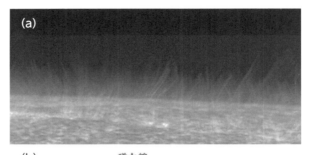
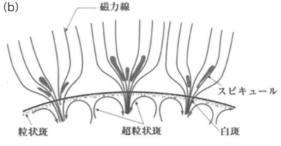

図3-14 粒状斑
(a) ようこう衛星の可視光・磁場望遠鏡で撮影されたスピキュール（波長397 nmのカルシウム一階電離イオンのH線）、(b) スピキュール発生の概念図
（出典：写真はhttp://hinode.nao.ac.jp/gallery/、図は『新・天文学事典』図8-10より）

④　フレア　太陽表面ではときどき爆発現象が発生しており，フレアと呼ばれている（図3-15）。典型的なサイズは数万kmにも及び，電波からガンマ線まで多波長でエネルギーが解放される現象である。黒点の側で発生することが多いため，磁場が発生機構に絡んでいると考えられている。

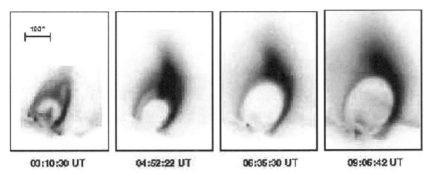

図3-15　ようこう衛星の軟X線望遠鏡で観測されたフレア（1秒角 = 700 km）
（1992年2月21日に発生）　©JAXA宇宙科学研究所
（出典：http://www.isas.jaxa.jp/j/isasnews/backnumber/2003/ISASnews262.pdf）

　ようこう衛星で観測されたフレアを見てみると，中が抜けた炎のような形状であることがわかる（カスプ構造と呼ばれる）。この形状を自然に説明するのが磁気再結合（磁気リコネクション）モデルである（図3-16）。反平行磁場が形成されている場所があると，反平行磁場は不安定であるため，磁力線のつなぎかえが起こり，その時に莫大なエネルギーが解放される。カスプ構造中のプラズマの移動速度は数10 km s^{-1}から100 km s^{-1}にも及ぶ。フレアから解放されたエネルギーはコロナの加熱に寄与すると考えられている。

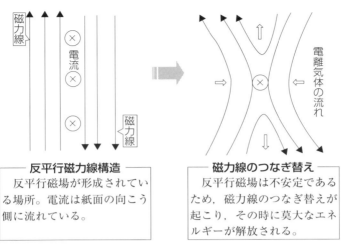

図3−16 磁気再結合の原理

⑤ プロミネンス

光球から立ち上るような数万kmにも及ぶフィラメント構造をプロミネンスと呼ぶ（図3-17）。比較的低温（数千Kから1万K）の電離ガスで，可視光で観測すると水素原子の再結合線であるHα（波長656.3 nm）輝線が卓越しているので赤く見える。そのた

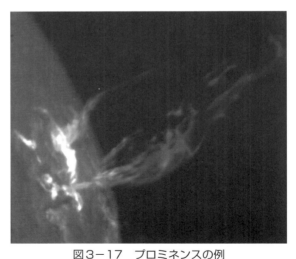

図3−17 プロミネンスの例
（出典：https://ja.wikipedia.org/wiki/紅炎#/media/File: Mass_eject.png）

め，紅炎とも呼ばれる。光球面を背景にするとHα線は吸収線として観測されるため，暗いフィラメント状に見える（ダーク・フィラメント）。光球面から浮上してきた巨大な磁場に支えられた構造であるが，数か月間にわたって安定して見える静穏型と噴出するように短時間で消える活動型の二種類がある。前者は黒点が存在しない比較的活動性の低い領域で見られ，後者は活動領域で主として観測される。

⑥ **コロナ** コロナは彩層から薄い遷移層を経て太陽の外部へ流れ出るプラズマである（図3-8，図3-9，図3-18参照）。太陽表面からの高度が2000 kmを越えるあたりから温度は200万Kに達するが，コロナがなぜそのような高温になるかは太陽物理学の大きな謎の1つになっている。コロナ領域にある自由電子などの荷電粒子は太陽の重力を振り切って外部に流れ出す太陽風[4]となる。

また，コロナからはコロナ質量放出（coronal mass ejection, CME，図3-19）という現象も観測されている。放出速度は数100 km s^{-1}から1000 km s^{-1}にも及び，多い時では10億トンもの物質が放出される。フレア現象と関連していると考えられており，フレア発生のエネルギーを電磁波ではなく力学的なエネルギーとして解放している可能性が議論されている。

---

[4] 太陽風と同様，恒星は恒星風を出しており，質量損失現象と呼ばれている。太陽の場合，質量放出率は1年間あたり太陽質量の10兆分の1程度である。

図3-18 コロナ
（出典：http://www.isas.jaxa.jp/home/solar/yohkoh/corona.html）

図3-19 コロナ質量放出
右側吹き上げるような構造。
（出典：NASA）

3. 太陽と地球

（1）太陽が地球に与える影響

　本章の最初で見たように，太陽は地球に恵みのエネルギーを与えてくれている。しかし，ここまで見てきたように太陽は極めて活動的であり，地球にはネガティブな影響も与える。

　まず，太陽風の影響について見てみることにしよう。太陽風はプラズマの流れなので磁場を伴う。地球は磁場を持っているので（地球磁気圏を形成している），太陽風と相互作用することで地磁気が影響を受ける（図3-20）。地球磁気圏は太陽風と衝突し，磁気圏境界を作り，そこで太陽風からエネルギーを得る。磁気圏は太陽風に流され，尾のような構造を作る。地球磁気圏に流れ込んだプラズマはオーロラ（図3-21）を形成するエネルギーを供給する。

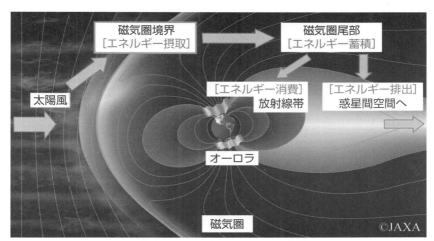

図3-20 太陽風が地球に与える影響
（出典：http://www.isas.jaxa.jp/feature/forefront/161226.html）

図3-21 オーロラの例
アラスカ（左），地球の両極地方（右）
（出典：（左）https://ja.wikipedia.org/wiki/オーロラ#/media/File:Polarlicht_2.jpg，（右）NASA https://svs.gsfc.nasa.gov/20141）

(2) 磁気嵐と宇宙天気予報

　太陽で大きなフレアが発生すると，1日から3日程度で地球に影響が及び，磁気嵐が発生する。大規模な電波障害を起こしたり，電車の信号システムに影響を与えたりして，時には大事故にもつながることがある。また，陽子などの高エネルギー粒子線（太陽プロトン現象）は地球の大気圏外で運用されている国際宇宙ステーションやさまざまな衛星に影響を与える。電子機器の損傷や衛星内で働く宇宙飛行士の健康被害など，深刻なものも多い（図3-22）。そのため，現在では太陽の定期的なモニターを行うことで，宇宙天気予報システムが運用されている。国内でも宇宙天気情報センターが1988年から運用を行っている。

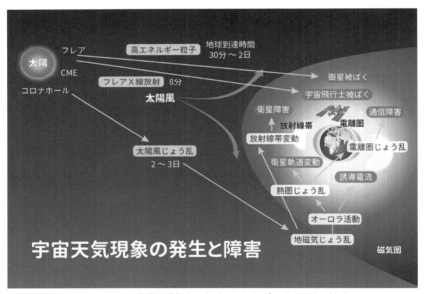

図3-22　太陽が地球に与えるさまざまな影響と障害
（じょう乱の発生から障害まで）
（出典：情報通信研究機構（NICT））

参考文献

桜井隆，小杉健郎，柴田一成，小島正宣　編『太陽』（シリーズ現代の天文学　第10巻）日本評論社，2009

野本憲一，佐藤勝彦，定金晃三　編『恒星』（シリーズ現代の天文学　第7巻）日本評論社，2009

谷口義明　編『新・天文学事典』（第8章，第9章）講談社，2013

国立天文台　編『理科年表』丸善株式会社，2016

柴田一成，上出洋介『総説 宇宙天気』京都大学学術出版会，2011

4 | 太陽系の誕生

吉川 真

《目標＆ポイント》 太陽系は今から約46億年前に，星間ガスから誕生したと考えられている。本章では，太陽系がどのようにして誕生したのか，そして現在の秩序だった状態とそこに至るまでの過程について理解することを目標とする。また，現代科学の基礎ともなった惑星の運動における法則についても理解する。
《キーワード》 太陽系形成論，マイグレーション，ケプラーの法則，万有引力

1. 星間雲

（1）宇宙の誕生から太陽系の誕生まで

　宇宙の進化については，最近，多くのことがわかってきた。中でも現代の科学でたどり着いた「ビッグバン宇宙論」は，宇宙が1つの点から"大爆発"で始まったと考えるものである。これは，我々の日常生活の常識を超えた考え方であるのだが，観測されるいくつかの事象を説明できる。そのために，現在ではこの理論が宇宙の起源・進化を説明するものとして受け入れられている。

　ビッグバン宇宙論によると，宇宙は約138億年前に生まれた。宇宙が誕生したときには水素とヘリウム，そしてごくわずかの他の元素が存在していたにすぎなかった。その後，水素やヘリウムは自分の重力で集まり，恒星が誕生した。恒星の内部では核融合反応が起こり，水素やヘリ

ウムから鉄までのより重い元素が作られた。また、星の進化の最終過程である大爆発（超新星爆発）で鉄より重い多くの元素が生成された。

　星が一生を終えると、星をつくっていた物質は星間ガスへと戻っていく。そして、その星間ガスからは再び次の恒星が生まれては死んでいく。星が誕生と死を繰り返していくことにより、宇宙空間にいろいろな元素が作られていったのである。これが塵（星間塵）となり、地球などの惑星が誕生するための材料となった。

　約138億年前に宇宙が誕生したがそれから約92億年過ぎたときに、銀河系（天の川銀河：円盤状に恒星や星間物質が集まった集合体）の中にあった星間雲において太陽系が誕生した。今から約46億年前のことである。その後、惑星ごとにそれぞれの進化を経て、現在に至っている。

（2）星間雲の特徴

　晴れた冬の夜空を見上げると、オリオン座を見ることができる。その三つ星の少し下（ベテルギウスとは反対側）のところに、肉眼でも何かぼやっと光っている天体が見える。オリオン大星雲（M42）である。写真に撮影してみると、光る雲のようなものが撮影される（図4-1）。これが星間雲である。

図4-1　オリオン大星雲（国立天文台撮影）
（出典：http://www.nao.ac.jp/contents/astro/gallery/Extrasolar/Messiers/m42 mo_s.jpg）

宇宙空間は物質がほとんどない真空状態であるが，その中で物質が濃く集まっている場所が星間雲と呼ばれている。濃いと言っても1cm^{3}あたり水素原子が数個ほどの密度であるから，地上で我々がつくることができる真空よりも遙かに小さい密度である。また，ガスの温度は100 Kほどである。ただし，数十光年程度の大きさがあるので，遠くから見ると物質が濃く集まっているように見えるのである。
　星間雲の密度がさらに濃くなったものを，分子雲と呼ぶ。分子雲では，原子が結合して水素分子や一酸化炭素分子になっているために，この名前が付いている。密度は，1cm^{3}あたり原子数が100個から100万個になる。このような分子雲から恒星が生まれるわけである。そして恒星の誕生と同時に惑星も誕生する。太陽系もこのようにして誕生した。

2. 太陽系形成論

(1) 太陽系形成論の歴史

　太陽系がどのように誕生したのかは，太陽の周りを地球が回っているという地動説が広く受け入れられた後の18世紀頃から関心が持たれていた。ドイツの哲学者であるイマヌエル・カント (1724-1804) やフランスの数学者であるピエール＝シモン・ラプラス (1749-1827) らは，星間雲が収縮し太陽が生まれ，その太陽から遠心力で飛び出したガスが冷えて惑星になったとする考え方を提唱した。これは「星雲説」と呼ばれる。星雲説の問題点は，角運動量（回転運動の大きさを表す物理量）が説明できないということである。太陽系では，太陽が全質量の99.9 %近くを占めているのに，角運動量については約98 %が惑星の公転による角運動量であり，太陽が持つ角運動量はごくわずかである（第1章）。このことを星雲説ではうまく説明できないし，そもそも遠心力で飛び出

したガスが惑星になると考えるところにも無理がある。

　そこで，イギリスのジェームズ・ジーンズ（1877-1946）やハロルド・ジェフリーズ（1891-1989）らは，別の考え方として「潮汐説」と呼ばれる考え方を提案した。これは，誕生したばかりの太陽のすぐ近くを別の恒星が通り過ぎたときに太陽から物質が噴出してそれが惑星となったという考え方である。この考え方では，角運動量については説明が可能であるが，やはり太陽からガスが吹き出したとしてもそれが惑星に固まると考えるところに困難がある。20世紀前半には，これらの星雲説や潮汐説以外にも太陽系の誕生を説明しようとしたいろいろな説が提案された。

　太陽系の重要な特徴は，惑星の軌道面がほぼ同一平面上にあること，惑星の軌道がほぼ円軌道であること，そしてすべての惑星が同じ方向に回っていることである。また，太陽に近い方には水星・金星・地球・火星のような岩石質の地球型惑星が（第6章），その外側には木星・土星というガスが主成分の木星型惑星（巨大ガス惑星）が（第8章），そして氷が主成分になる天王星と海王星という天王星型惑星（巨大氷惑星）が（第9章）存在している。太陽系形成論は，少なくてもこれらの太陽系の特徴を説明できなければならない。

　現代の考え方に直接つながる太陽系形成論は，ロシアのヴィクトル・サフロノフ（1917-1999），カナダのアルステア・キャメロン（1925-2005），日本の林忠四郎（1920-2010）らによって研究された。この3人に共通した考え方は，原始太陽系円盤から惑星が生まれたということである。異なる点は，キャメロンは太陽質量くらいある円盤を考えたが，サフロノフと林は太陽質量の100分の1くらいの円盤を考えたところである。キャメロンの考え方では，いきなり惑星が生まれてしまうのであるが，サフロノフや林の考え方では，まずは小さな微惑星が生まれて，

衝突合体して惑星に成長するというシナリオになっている。サフロノフと林の違いは，サフロノフの方は微惑星の集積がガスのない状態で起こったとしているが，林の方はガス中で起こったとしているところである。この林の考え方は「京都モデル」と呼ばれており，現在，太陽系形成論の基本となっている（第1章 図1-10）。

（2）現在の太陽系形成論

第1章でも紹介したが，現在考えられている太陽系形成のシナリオをまとめてみよう。

まず，恒星が進化を繰り返したことによって水素やヘリウムよりも重い元素や塵を含む星間雲が銀河系に存在していた。今から約46億年前，その星間雲は自分の重力で収縮し，中心に原始太陽が生まれた。中心に落ち込まなかったガスや塵は，円盤状になって原始太陽を中心に回転していた。これが原始太陽系円盤である。

その円盤の中では，徐々に固体の塵が円盤の中央の面に集まってきて，衝突・合体して成長し，直径が10 kmくらい（質量は10^{15}-10^{18} kg）の「微惑星（planetesimal）」となった。原始太陽系円盤が形成されてから微惑星ができるまでのタイムスケールは，約10^6年である。

微惑星はさらに衝突合体して成長していく。大きく成長して引力が強くなるとさらに周囲の微惑星を集めて成長が加速していく。これを暴走的成長と呼ぶ。10^6から10^7年くらいで質量は10^{23}-10^{26} kg程度の原始惑星ができる。第12章で学ぶように，海王星軌道付近からより遠方には，太陽系外縁天体と呼ばれる小天体が多数存在することがわかってきたが，これらは微惑星ないし微惑星が衝突合体してできた太陽系の初期段階の天体がそのまま残っているものである可能性がある。

原始太陽系円盤が形成されてから10^7-10^9年経つと惑星が誕生した。

惑星は生まれた場所によって異なった性質を持つ。太陽系の内側の領域では，太陽に近いために温度が高く，氷のようなものは蒸発してしまっており，惑星の誕生には寄与しなかった。ところが，木星軌道付近では，氷も固体として存在しており，惑星形成に使われた。つまり，木星から外側では，惑星をつくる材料が多かったことになる。水が蒸発してしまうか氷のままで存在できるかの境界を雪線（スノーライン）と呼ぶが，太陽系の場合，雪線は火星と木星の軌道の間にある。また太陽から離れた領域の方がより広範囲の領域から物質を集めることができる。そのために，内側の水星から火星と比べて，木星から海王星は大きな惑星になったと考えられている。特に，木星と土星は，原始太陽系円盤のガスも多量に取り込んで大きなガス惑星となっている。

　なお，惑星へ成長する時間は，太陽から遠いほど長くなる。これは，太陽から遠いほど公転周期が長くなることと，微惑星の空間密度が小さくなることによる。十分時間をかければ天王星や海王星もより大きく成長した可能性があるが，成長する前に原始太陽系円盤のガスがなくなってしまい，これらの惑星は木星や土星のようには，ガスを吸収することができなかった。ただし，この考え方では，天王星や海王星が誕生するのに時間がかかりすぎるという問題がある。この問題については，「**3. 惑星軌道の移動**」でもう一度考えることにする。

　原始太陽は，ガスが収縮することで重力エネルギーが解放され熱エネルギーとなるが，中心温度が1千万度を超えるようになると，水素の核融合反応が起こるようになる。この時点が，恒星としての太陽の誕生となる。すると，太陽から強い放射や太陽風が出るようになり，原始太陽系円盤は吹き払われてしまったのである。原始太陽系円盤のガスは10^7年ほどで散逸してしまったと考えられている。

　なお，火星と木星の軌道の間においては，惑星が十分に大きく成長す

る前に木星の方が先にできてしまった。これは，上述したように木星領域では氷も惑星を形成する材料となったからである。すると木星の強い引力によって，微惑星の軌道が大きく変化してしまい，互いに衝突しても合体して成長するよりは，互いに破壊し合って大きな惑星に成長するのが妨げられてしまった。今，火星と木星軌道の間には小惑星と呼ばれている小さな天体が多数存在しており，そこは小惑星帯と呼ばれている。小惑星帯の小惑星は，いったんは惑星に成長しかけたが，惑星まで

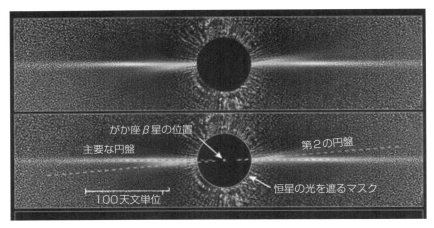

図4-2　原始惑星系円盤の例
（上：ハッブル宇宙望遠鏡撮影，下：ヨーロッパ南天天文台撮影）

がか座ベータ星の周りには塵の円盤や惑星が存在している。上の写真はハッブル宇宙望遠鏡によって撮影された塵の円盤で，主となる円盤に加えて別の円盤があることもわかる。右の写真はヨーロッパ南天天文台で撮影された2つの写真を重ねたものであるが，中心の恒星の近くに惑星があることがわかる。

（出典：上：http://hubblesite.org/image/1934/news_release/2006-25，下：https://www.eso.org/public/images/eso0842b/）

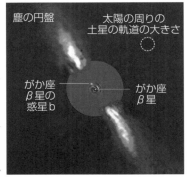

に成長しなかったものや成長の途中で互いに衝突して破壊された名残の天体であると考えられている。小惑星については，第11章で学ぶ。

(3) 原始惑星系円盤の観測

　太陽系がどのように誕生したのかは推定するしかないが，太陽以外の恒星の周りにガスや塵の円盤が観測されるようになり，上記の太陽系形成論を支持する証拠となっている。原始惑星系円盤は，1980年代に，赤外線天文衛星によって，強い赤外線を出している恒星として発見され始めた。その代表的な天体としては，織姫星として知られていること座のベガや，がか座ベータ星（図4-2），そしてみなみのうお座のフォーマルハウトなどが挙げられる。これらの天体の周りには，塵やガスの円盤が存在するだけでなく，惑星形成の途中だったり実際に惑星が発見されたりしている。このような原始惑星系円盤は他にも多数発見されているし，太陽系外の惑星も多数発見されている。太陽系についても原始太陽系円盤から惑星が生まれたとする説は正しいと言ってよいであろう。

3. 惑星軌道の移動

(1) 太陽系の安定性

　太陽系が安定かどうかという問題は，天体力学における大きなテーマである。ここで「安定かどうか」という意味は，惑星の軌道が現在の軌道から大きく変化するのかどうかということである。気にしている人はあまりいないであろうが，地球の軌道が大きく変わって太陽に接近したり，逆に太陽から離れてしまうということが起こったら一大事である。一大事どころか，地球上のすべての生命の存続が左右されることになる。理論的にはどのような軌道にでもなりうるわけで，太陽系の惑星の

軌道は今後どうなっていくのか，あるいは過去どうだったのか，気になるところである。

　この後の節で述べるように，天体がどのように運動するのかの法則はわかっており，数学的な式で表現できている。したがって，その数式を解けばよいのであるが，惑星の運動の場合，その数式を厳密には解くことができないことが数学的に証明されているのである。2つの天体（質点）が万有引力で引き合いながら運動する場合を二体問題と呼ぶが，二体問題は数学的に解ける。しかし，3つの天体が互いに万有引力を及ぼしながら運動するという三体問題になると，解析的な解が存在しない（解を数式で表すことができない）のである。太陽系の惑星を考えた場合，太陽と八つの惑星が互いに万有引力で引き合いながら運動している九体問題になるので，これは解けない。天体力学者は，厳密解は求められなくても近似解を得ようと，摂動論を駆使して研究を行った。摂動論によると，惑星の軌道は大きく変化することはないことが示されている。

　コンピュータが使えるようになってからは，数値計算で直接的に解を求めようという試みも行われるようになった。そして，ついに太陽系の年齢にも匹敵する50億年もの期間について惑星の軌道運動を追跡できるようになったのである。計算結果，現在の軌道からスタートすると，過去へも未来へも50億年以上にわたって惑星の軌道は現在の軌道から大きくは変わらないことがわかった。つまり，惑星どうし接近し過ぎて軌道が大きく変わったり，ましてや互いに衝突したりするようなことは起こらないのである。太陽系は少なくても50億年というタイムスケールでは安定なのである。

（2）マイグレーション

　上記のように摂動論や数値計算によると惑星の軌道は大きくは変化しない。単純に言えば，惑星の軌道は現在の軌道から不変であると言ってよい。ただし，これは，現在の条件からスタートした場合であることを忘れてはならない。現在の条件とは，現在の軌道ということだけでなく，太陽と惑星以外には何も考えないということも含めてである。この後者の条件を忘れてしまって，太陽系の誕生時から惑星は現在の軌道で変化しなかったという"先入観"を取り払ったのが，惑星の「マイグレーション」という考え方である。マイグレーションという言葉の意味は，人や動物が移住したり鳥が渡っていったりすることである。

　惑星の軌道は，現在の状態ではほとんど変化しないが，太陽系誕生初期では大きく変化したとしてもおかしくはない。なぜならば，次のような原因が考えられるからである。1つは，ガスの抵抗である。原始太陽系円盤の中の惑星は，ガスから抵抗を受けることになる。すると惑星の軌道は次第に内側へと小さくなっていく。また，円盤の中のガスの重力によっても惑星の軌道は変化しうる。さらに，多数の微惑星によっても軌道は変化する。惑星に微惑星が接近すると微惑星の方は大きく軌道が変化することになるが，同時に惑星の方も微妙に軌道が変化することになるのである。多数の微惑星が惑星に遭遇すれば，惑星の軌道もそれなりに変化していく。また，仮に惑星どうしが接近することがあれば，軌道は一気に大きく変わることになる。

（3）木星・土星・天王星・海王星の大移動

　惑星の軌道が変わるというマイグレーションを考えることにより，上で述べた天王星や海王星の形成に時間がかかり過ぎるという問題を解決することができる。いろいろな考え方があるが，ここではそのうちの2

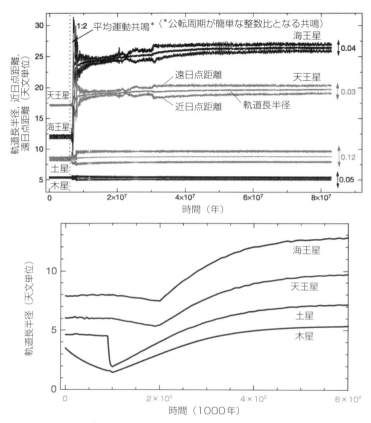

図4-3 ニース・モデル（上）とグランド・タック・モデル（下）
木星・土星・天王星・海王星の軌道の大きさの変化を示す。ニース・モデル（Tsiganis et al.Nature 435, 459, 2005），グランド・タック・モデル（Walsh et al.Nature 475, 206, 2011）より改変。

つを紹介する。

　1つは，「ニース・モデル」と呼ばれるものである（図4-3上）。これは，2005年にフランスのコートダジュール天文台の研究者が中心になっ

て考えられたのでこの名前が付いている．このモデルでは，木星から海王星は，太陽から5-17天文単位の距離で生まれたとしている．特に天王星と海王星が現在の位置よりもずっと内側で誕生したとし，さらにその順番は木・土・海・天だった．木星と土星が2：1の平均運動共鳴状態になると，惑星の軌道が大きく乱れて，天王星と海王星は順番は逆となって遠方の軌道に移った．ここで，2：1の平均運動共鳴とは，木星と土星の平均の角速度の比が2：1になること（あるいは，公転周期が1：2になること）である．そして，遠方の軌道に移った天王星や海王星は，外側の軌道にあった微惑星を散乱し，大量の微惑星を太陽系の内側へと落下させた．このことで，「後期重爆撃期」と呼ばれている41億年前から38億年前に起こったと考えられている月への多数の天体衝突も説明できるとしている．

　別の考え方として，2011年に発表された「グランド・タック・モデル」というものがある（図4-3下）．ここで"タック（tack）"とは，風を受ける舷を変えてヨットをジグザグに航行させるという意味である．この考え方では，木星から海王星になる天体は太陽から8天文単位程度以内で生まれる．そして，まず木星が内側に移動していき1.5天文単位くらいまで太陽に近づく．さらに土星の軌道も内側に落ち込んでいき，木星と公転周期が2：3の共鳴状態になる．すると，木星と土星の軌道は逆に大きくなっていき，現在の軌道に近づいていく．それと同時に，天王星や海王星の軌道も大きくなっていく．この考え方では，火星があまり大きく成長しないことも説明できるという．

　惑星のマイグレーションを考慮した考え方はこの他にもある．太陽系の特徴のすべてを完全に説明できる理論はまだないが，このように太陽系形成論により細かい太陽系の特徴をも説明しようとしているのである．

4. 天体力学

（1） 天動説から地動説へ

　人類がいつ頃から天体というものを認識しだしたのかはよくわからないが，おそらく知恵を持った動物として進化する途中で，太陽・月・星とうものを認識したのであろう。そして，第1章で述べたように，さらには惑星という特別な星もあることに気がついた。夜空のほとんどの星はその配置は変わらない。見える方向は時刻や季節によって変わるにしても，並び方は変化しない。星の配置は，後に星座として認識されるわけである。ところが，5つの星が日々，その位置を変えていくことにいつの時点か気がついた。5つの星というのは，水星・金星・火星・木星・土星である。さらに太陽と月も同様に星座の中を動いていくので，合計7つの天体が特別な動きをしていることになる。このことを説明しようとしたことが，現代科学が生まれることになった1つのきっかけである。

　古代ギリシャでは，多くの哲学者により自然についての理解が進んだ。特に天体の動きについては，数学で有名なピタゴラス（紀元前582-496頃）が，大地は球形でその周りを天体が円軌道で回るというような考え方を出している。さらにアリストテレス（紀元前384-322）は，地球が宇宙の中心にあり，その周りを太陽・月・水星・金星・火星・木星・土星の7つの天体が回るという天動説を出した。天動説は，ヒッパルコス（紀元前190-120頃）によって数学的に精密化され，プトレマイオス（83-168頃）によって『アルマゲスト』という書物が書かれて完成することになる。なお，日本語では天動説と呼ぶが，地球が宇宙の中心であると考える「地球中心説」である。

　"地球の周りを天体が回っているのが天動説だ"と単純に考えてしまうことが多いが，天動説は実際にはかなり複雑な体系になっている。これ

は，観測される上記7つの天体の動きが複雑であるからだ。天動説では，水星・金星・火星・木星・土星は単に地球の周りを回っているのではなく，周転円と呼ばれる小さな円を描きながら地球の周りをまわっていると考える。周転円に対して地球の周りを大きく回る円のことを導円と呼ぶ。

　天体の動きを理解しようとして生まれた天動説であるが，その後，キリスト教の見解と結びつくことになる。キリスト教にとっては聖書が絶対的な存在であり，聖書に書かれていることに矛盾することを受け入れることはできなかったのである。宗教と結びついてしまうと，勝手に変えることはできないどころか，疑問に思うこともできない。そのために，15世紀頃にルネサンス（キリスト教会から人間の精神を解放しようとする芸術・文化の運動）が起こるまでは，このままの状態が続くことになる。

　1543年，ポーランド出身のニコラウス・コペルニクス（1473-1543）は『天球の回転について』という書物を出し，地球が太陽の周りを回ると考えた方が天体の動きを単純かつ合理的に説明することができることを示した。これが地動説である。天動説から地動説への転換のように考え方が正反対になることを「コペルニクス的転回」と呼ぶ。日本語では地動説と呼ぶが，宇宙の中心が地球ではなくて太陽であるという「太陽中心説」である。

　地動説は，キリスト教の教えに真っ向から背くものであり，地動説を唱えたイタリアのジョルダーノ・ブルーノ（1548-1600）は火あぶりにされてしまうし，同じくイタリアのガリレオ・ガリレイ（1564-1642）は宗教裁判を受けることになった。宗教裁判を受けたガリレオが「それでも地球は動く」言ったということは逸話かもしれないが有名な言葉である。そもそも，地動説を最初に提案したコペルニクスですら，公に発表したのは彼が亡くなる直前だった。このように，天動説から地動説への転換は苦難が伴うことにはなったが，結局は地動説が受け入れられて

いくことになるのである。

(2) ケプラーの法則

　天動説から地動説へと大きく考え方が転換したが，変わらなかったことが1つある。それは，天体の軌道は円軌道，または円軌道の組み合わせである，という考え方である。これは，天界（つまり宇宙）は神様の世界であり，完全な図形でできているはずだという考え方があったためである。この考え方を打ち破ったのがケプラーだった。

　ドイツの天文学者であるヨハネス・ケプラー（1571-1630）は，デンマークの天文

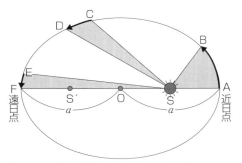

図4-4　楕円軌道とケプラーの法則

　惑星の軌道は，太陽（S）を1つの焦点とした楕円軌道になっている（ケプラーの第一法則）。矢印は等しい時間の惑星の移動を示すが，グレーの部分の面積が等しい（ケプラーの第二法則）。楕円の長径の半分であるaの長さが平均距離である。公転周期をTとするとa^3/T^2がすべての惑星について同じ値となる（ケプラーの第三法則）。

学者であるティコ・ブラーエ（1546-1601）の惑星の精密な観測データを調べることで，火星の軌道は円ではなくて楕円であるということを発見したのである（図4-4）。これが「ケプラーの第一法則」なのであるが，円軌道から楕円軌道へという発想の大きな転換となった。これは「ケプラー的転回」と呼んでもよいものである。

　ここで，第1章でもふれたが，ケプラーが経験的に発見した3つの法則を挙げておこう。

第一法則：惑星は太陽を1つの焦点とし，惑星によりそれぞれ決まった

形と大きさの楕円軌道上を公転する。
第二法則：惑星が公転するとき，太陽と惑星を結ぶ線分は，等しい時間には惑星ごとにそれぞれ等しい面積をおおう。
第三法則：惑星の太陽からの平均距離の3乗と公転周期の2乗との比は，惑星によらず一定である。

ケプラーは，この3つの法則をティコの観測データから経験的に発見したのである。

（3）古典力学の誕生

経験的に発見されたケプラーの法則であるが，その物理的意味は次のようになる。第二法則から始めるのがわかりやすい。なぜなら，第二法則は今の物理学で言えば「角運動量保存の法則」というものに対応しているからである。これは，惑星にはたらく力が常に太陽方向を向いているということを意味している。このような力のことを「中心力」と呼ぶ。これは直感的にも理解しやすい。太陽から何らかの力を受けて惑星が動くと考えたときに，その力の向きは太陽方向であるということである。一般には，力の向きはどの方向でもよいのであるが，太陽からの力が太陽の方向を向かないとする方が考えにくい。なお，太陽方向という場合，太陽に向かう力（引力）とその逆方向の力（斥力）が考えられるが，斥力を受けるとすると太陽から離れていくことになるから，ここでは引力のみを考えればよい。

次は第一法則であるが，これは，その太陽に向かう力（中心力）の大きさが太陽からの距離の2乗に反比例するということを意味している。軌道が楕円であるということが逆2乗法則になることについては，直感的な説明が難しいのでここでは省略する。

そして，第三法則であるが，これはすべての惑星について同じ法則が

成り立つことを意味しているのである。第三法則は［調和法則］とも呼ばれている。

　これらすべてをまとめて説明するのがニュートンの万有引力の法則なのである。イングランドに生まれたアイザック・ニュートン（1642-1727）は，「2つの物体間には引力が働きその大きさ（F）は物体の質量（Mとm）の積に比例し物体間の距離（r）の2乗に反比例する」という法則を見いだした。これが万有引力の法則である。式で書くと，

$$F = G\frac{Mm}{r^2}$$

となる。Gは万有引力定数と呼ばれる定数である。さらに「物体（質量m）に力（F）が加えられた時に起こる運動の変化（加速度a）は，加えられた方向に，その力に比例した大きさで起こる」という運動の法則

$$F = ma$$

と組み合わせると，惑星の運動を求めることができるのである。ニュートンは，1687年に『プリンキピア』（自然哲学の数学的諸原理）という書物を著し，ここに古典力学が生まれることになるのである。

　古典力学では，時間と空間が「絶対空間」・「絶対時間」として独立した概念で存在する。また初期状態がわかれば原理的にはその後どのようになるかは予見できる。これは，「完全な因果的決定論」と呼ばれる。この考え方で惑星の運動は非常によく説明できた。しかし，この古典力学の考え方を打ち破っていく新しい考え方がその後生まれていくことになる。「絶対空間」・「絶対時間」という概念を打ち破るのがアルベルト・アインシュタイン（1879-1955）の相対性理論であり，「完全な因果的決定論」を打ち破るのがオーストリアのエルヴィン・シュレディンガー（1887-1961）らによる量子力学である。

　以上のように，人類が惑星の動きを説明しようとしたことが，脈々と現代科学へと繋がっているのである。

参考文献

福井康雄他編『星間物質と星形成』(シリーズ現代の天文学　第6巻)日本評論社,2008

須藤彰三・岡真監修・井田茂・中本泰史著『惑星形成の物理—太陽系と系外惑星系の形成論入門—』共立出版,2015

渡部潤一他編『太陽系と惑星』(シリーズ現代の天文学　第9巻)日本評論社,2008

福島登志夫編『天体の位置と運動』(シリーズ現代の天文学　第13巻)日本評論社,2009

和田純夫著『プリンキピアを読む』講談社,2009

5 | 地球と月

吉川　真

《目標&ポイント》　本章では，人類の故郷である地球について，その誕生とその後，内部構造，大気，海洋について理解することが目標である。また，地球の衛星である月について，その特徴，軌道，潮汐，誕生について理解し，さらに暦などの人類の文化との関係を把握することを目標とする。
《キーワード》　プレートテクトニクス，潮汐，巨大衝突説，暦

1．地球の構造

（1）母なる地球

　私たちの地球は，太陽系の惑星の中で唯一，生命が繁栄している惑星である。惑星の誕生についてはすでに第4章で学んだが，生命が繁栄するためには，さらに特別な条件が必要である。まず，太陽からの距離がちょうどよいということが重要である。つまり，太陽に近過ぎると太陽からの熱で水は沸騰し蒸発してしまうし，太陽から遠すぎると水は完全に凍りついてしまう。太陽からほどよい距離にあると，水が液体で存在できるのである。このように水が液体で存在できる軌道領域をハビタブルゾーンと呼んでいる（ハビタブルゾーンについては，第14章，第15章を参照）。最近では，太陽以外の恒星の周りにも多数の惑星が発見されているが，特にハビタブルゾーンにある惑星が生命という観点で注目されている。
　さらに，生命に関しては惑星の大きさも重要である。小さすぎると重

力が弱いため，大気を表面に留めておくことができない。逆に大きすぎると重力が強く，そこで生活するためには，強い重力に耐えられる構造をしていなければならない。地球は，太陽からの距離もその大きさも，生命が誕生して進化し，そして繁栄するのにちょうどよかったのである。まさに母なる地球である。

（2）初期の地球

　第4章で学んだように，微惑星の衝突によって惑星は誕生した。地球も微惑星の衝突合体によって形成された原始惑星どうしが，さらに衝突合体して誕生した。衝突合体によって運動エネルギーが熱エネルギーへと変換され，地球は内部まで溶け，表面はマグマの海であるマグマオーシャンで覆われた。地球全体が溶けてしまうと，密度の大きい鉄などの金属成分は地球の中心に落ち込んで核となり，その周りを主にかんらん岩からなっているマントルが取り囲むようになった。なお後で述べるように，月は地球形成の初期段階に火星ほどの大きさの天体が衝突してきたことによって誕生したと考えられている。

　集積してきた微惑星には，水や炭素・窒素なども含まれていた。これらが，水蒸気や二酸化炭素・窒素として原始の地球の大気となったのである。水はマグマオーシャンに溶けやすいので，マグマオーシャンにも水蒸気が取り込まれた。その後，だんだん地表が冷えてくると，水蒸気が雨となって降り，マグマオーシャンで覆われていた表面は冷やされる。するとマントルの表面に，より密度の小さい玄武岩や花こう岩よる地殻ができた。雨は，さらに地表にたまり海となった。地表に海ができると，水に溶けやすい二酸化炭素はどんどん溶けていき，海水中のカルシウムやマグネシウムなどと反応して石灰岩のような炭酸塩鉱物となって地殻に固定されていく。つまり，大気中の二酸化炭素は徐々に減って

いき，水に溶けにくい窒素が主成分になった。このようにして，地球誕生初期に，核，マントル，地殻，海，大気が形成されたのである。

　地球が誕生してからしばらくの間は，引き続き微惑星が頻繁に衝突していたと考えられている。第4章で記したように，月面の年代測定によって41億年前から38億年前にかけて微惑星の衝突が多くあったと考えられている。最初の微惑星の衝突合体による集積期間に対して，こちらは後期重爆撃期と呼ばれている。

　このような初期の激しい天体衝突や侵食によって，地球の誕生から数億年間については，地質学的な証拠はほとんど失われてしまった。最も古い岩石は，カナダ北部で発見された約40億年前の変成岩である。さらに，オーストラリア西部では約42-44億年前の鉱物の粒子が発見されている。この鉱物粒子が含まれていた岩石ができるときには水が必要であったと考えられているので，このことも地球誕生直後に海が存在していたことを示唆している。グリーンランド南西部には，38億年ほど前に形成された堆積岩が発見されており，そこには生命活動の痕跡が残されているとする研究もある。

(3) 生命の発生と進化

　地球が誕生した約46億年前から約5億4200万年前までの長い期間を先カンブリア時代と呼ぶ。カンブリア紀（約5億4200万年前から始まる古生代の最初の期間）に先立つ時代という意味であるが，この長い時間をかけて最初の生命が誕生し多細胞生物まで進化した。25億年前までにはシアノバクテリアと呼ばれる原核生物が出現しており，葉緑素を持って光合成を行うことができた。そのことで大気中および海中で酸素が徐々に増えていくことになった。約20億年前には，細胞の中に核を持つ真核生物が現れた。なお，先カンブリア紀には，地球表面のほとん

どが凍結する現象（全球凍結やスノーボールアースとも呼ぶ）が何回か起こったと考えられており，生命にも大きな影響を及ぼしたはずであるが，まだよくわかっていない。

その後の古生代・カンブリア紀には三葉虫をはじめとする多くの無脊椎動物が海中に栄えた。そして，4億2500万年くらい前には，まず植物の一種が陸上に進出し，そして動物では昆虫類がまず陸上に現れた。そして，巨大な恐竜が繁栄した時代である中生代（約2億5200万年前から）を経て，現在の新生代（約6600万年前から）に至っているのである。この間，海と大気をもつ地球はずっと多種多様な生命を育んできたのである。

（4）地球の構造

最終的に出来上がった地球は，平均半径（地球の体積に等しい球の半径）が6371 kmのほぼ球形の天体となった。この半径をもつ円周の長さはほぼ4万kmになるが，実際は地球の全周の長さが4万km（赤道から極までが10000 km）になるように長さの単位であるメートル（m）が決められたのである。実際の地球は

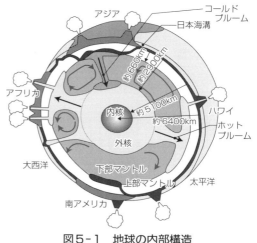

図5-1　地球の内部構造
（「地学基礎（東京書籍）」を参考に作成）

球が少し潰れた回転楕円体に近い形状をしており，赤道半径が約6378 kmなのに対して極半径は約6357 kmである。平均密度は5.51 g cm^{-3}である。

地球の構造を示すと図5-1のようになる。深さ5100 kmくらいより深い部分は，金属鉄が固体となっている内核がある。地球中心は360万気圧で，温度は6000℃にも達すると推定されている。内核の外側の深さ2900 kmくらいまでは金属鉄が流体の性質を持っている外核となっている。外核では金属が運動することで電流が流れ，この電流が地球の磁場を作り出している。

　外核の外側から地表近くまでは，粘性のある岩石質のマントルとなっている。深さ400 kmくらいまでは主にかんらん岩でできていると考えられている。深さ400‐660 kmにおいてかんらん岩の結晶構造が変わりより緻密な鉱物となる。したがって，深さ約660 kmを境にして上部マントルと下部マントルと分けることができる。マントルは大規模な対流運動をしており，上昇しているところをホットプルーム，下降しているところをコールドプルームと呼ぶ。この上昇ないし下降運動がより大規模となっているところを，スーパーホットプルーム，スーパーコールドプルームと呼ぶが，現在の地球ではスーパーホットプルームはアフリカ大陸と南太平洋の下に，スーパーコールドプルームはアジア大陸の下にあると言われている。

　そしてマントル外側が岩石質の地殻になる。地殻は，大陸では厚く主に花こう岩からできており，海では薄くて主に玄武岩でできている。これは密度の小さい地殻が密度のより大きいマントルに浮かんでいると考えるとわかりやすい。ちょうど，氷山が海に浮いているのと同じである。氷山が高ければより厚い氷が海中の中にある。地殻についても同様で，地殻が厚いところは標高が高くなるので陸となり，地殻が薄いところは標高は低くなり海となる。地殻の厚さは，陸で30‐40 km，海で6 kmくらいである。このように地殻にかかる重力がマントルから受ける浮力とつりあっているという説をアイソスタシー（地殻均衡論）と呼ぶ。

地殻，マントル，核という区別は，物質の違いを示したものであるが，物質の粘性で区別してみると，地球表面の堅い部分であるリソスフェアとその下の流動しやすいアセノスフェアに分けることができる。リソスフェアは，地殻とマントルの最上部からなっているが，その厚さは海洋で10-150 km，大陸で100-200 kmである。アセノスフェアは，地下400 kmより浅い部分のマントル上部で，軟らかく流動しやすい。

　リソスフェアは十数枚のプレートに分かれている（図5-2）。プレートとは"板"のことであるが，地球の表面はプレートによって覆われており，水平方向に移動している。これをプレート運動と呼び，地球上の大きな変化はプレートが動いていくことに起因するという考え方がプレートテクトニクスである。日本付近では，4つのプレートが接しており，太平洋プレートとフィリピン海プレートが，北アメリカプレートとユーラシアプレートの下に潜り込んでいる。深い日本海溝ができていることや，日本に地震や火山が多いのはこのためである。なお，プレートが動く理由としては，マントルの動きにプレートが引きずられるという説と，プレート自身の重さによって沈み込むことによって動くという2つの説がある。

　このような地球のダイナミックな動きは，地球内部の熱エネルギーで起こっているものである。そして，その熱エネルギーが直接地表に現れたものが火山の溶岩や温泉なのである。

図5-2　プレートの分布

（5）大気

現在の地球の大気は、窒素が78％、酸素が21％で、アルゴンなどその他の気体が1％の混合気体となっている。この他、季節や場所で変化するが水蒸気が含まれている。なお、二酸化炭素も含まれているがその量は微量であり、約0.04％である。しかし、この二酸化炭素の量が増大しており、温暖化との関係が議論されている。

ここで、大気圧と温度の高度変化を見てみよう（図5-3）。大気圧は、地上で1気圧（約1013ヘクトパスカル）であり、高度5.5kmほどで0.5気圧、16kmほどで0.1気圧と、上空に行くにつれて小さくなる。一方、気温は上空に行くにつれて最初は下がっていくのであるが、途中から上昇に転じ、また下がるという複雑な振る舞いをしている。

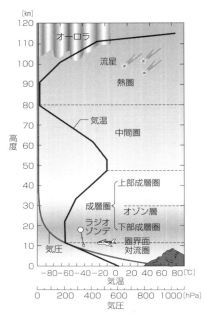

図5-3 大気の高度による温度と気圧の変化
（「地学基礎（東京書籍）」を参考に作成）

まず、地表から高度10kmほどまでの対流圏では、高度が上がるにつれて気温は低下する。対流圏は、雲、雨、雪などの大気現象が起こるところである。対流圏の上には高度約50kmまで成層圏となる。成層圏にはオゾン層が存在し、オゾンによる太陽からの紫外線の吸収のため、高度が上昇するにつれて気温も上昇する。成層圏の上には、高度約80kmまで中間圏が広がる。中間圏では高度が上昇するにつれて気温が下がる。中間圏の上は熱圏と呼ばれ、空気は非常に薄くなり、温度は高度が

高いほど上昇する。これは太陽からの紫外線が窒素や酸素に吸収されるからである。流星やオーロラが見られるのはこの領域である。ちなみに，高度100 km以上の領域を「宇宙」と呼ぶことが多い。

　地球の大気の流れは，太陽からのエネルギーの吸収と地球から宇宙への熱の放射，そして地球の自転により，複雑なものになっている。赤道付近では大気が加熱されて上昇し，亜熱帯で下降する流れがある。これをハドレー循環と呼ぶ。地表付近は亜熱帯から赤道方向に風が吹くことになるが，地球の自転の影響で東寄りの風となる。これが貿易風である。一方，中緯度付近は西寄りの風となり，これが偏西風である。さらに極地方では大気が冷却されて下降し低緯度方向に風が吹くが，東よりの極偏東風となり，極循環を形成する（図5-4）。このような地球大気の流れは，金星や火星，そして土星の衛星タイタンの大気の流れと異なっている。

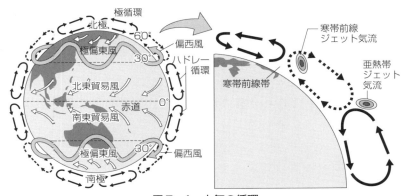

図5-4　大気の循環
（「地学基礎（東京書籍）」を参考に作成）

(6) 海洋

現在の海水は，水分が96.5％で塩分が3.5％である。塩分の80％近くは塩化ナトリウムであり，10％近くが塩化マグネシウム，残りが硫酸マグネシウム，硫酸カルシウム，塩化カリウムなどとなる。海水も大気と同じように深さによる水温の変化により区分されている。海面付近の水温がほとんど変化しない部分が表層混合層，その下の水温が下がっていく部分が水温躍層，そしてさらにその下の水温がほぼ2℃で変化が小さい部分が深層である（図5-5）。

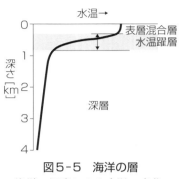

図5-5 海洋の層
海洋の深度による水温の変化

大気と同様に海水にも流れがある。表面付近は，海上の風や地球の自転，そして大陸の分布による影響で海水の流れが形成されるが，これを風成循環と呼ぶ。風成循環は海面から深さ1km程度まで卓越する流れとなる。それより深い部分では，深層循環と呼ばれる地球規模での海水の流れがある。

大気や海水の流れとその温度は，気象現象に大きな影響を及ぼすものであり，温暖化を含めた今後の地球環境を考える上で非常に重要である。

2. 月

(1) 月の特徴

月は地球の衛星である。太陽系の惑星には様々な衛星があるが，月はそれが回っている惑星である地球との大きさの比があまり小さくないと

いう特徴がある。月の半径は約 1737 km であるが，これは地球の赤道半径 6378 km の約 4 分の 1 である。例えば，太陽系で最も大きい衛星であるガニメデはそれが回っている木星の半径に比べれば 27 分の 1 しかない。土星で最も大きな衛星のタイタンでは，土星の 23 分の 1 である。惑星の大きさに対して衛星が最も大きい比率になるのが月なのである。月の平均密度は 3.34 g cm^{-3} であり，地球の平均密度の 5.51 g cm^{-3} に比べるとかなり小さい。

月は常に同じ面を地球に向けている。地球から見える部分を表側と呼んでいるが，日本では"うさぎの餅つき"と呼ばれている模様がみられる。この模様は月の表面の違いに応じたものである。黒っぽく見えるところは"海"と呼ばれており，もちろん水はないのであるが，溶岩が流れたあとであり比較的平らな平原となっている。白っぽく見えるところは"陸"ないし"高地"と呼ばれており，クレーターや山などが多いところである。月の裏側（地球から見えない側）には，ほとんど海はなくクレーターで覆われており，表側と裏側は見た目にもかなり異なっている。なお，クレーターは，そのほとんどは天体の衝突でできたと考えられている。

月の表面は「レゴリス」と呼ばれる細かい砂で覆われている。レゴリスは，隕石が衝突したときに岩が細かく砕けたものであり，月のほぼ全面を覆っている。1969 年にアポロ計画でアームストロング船長が人類で初めて月面に降り立ったが，その足跡はレゴリスの上にはっきりと記されていた。

第 13 章で述べるように，月には多数の探査機が送られており，日本も「かぐや」という衛星を 2007 年に月に送った。「かぐや」では 15 種類の観測装置によって多くの詳細なデータを得たり，ハイビジョンカメラによって鮮明な月の画像を多数撮影したりした。その結果，月面の詳

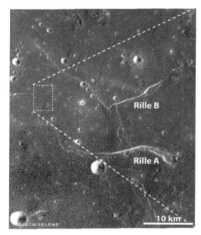 

図5-6 「かぐや」が発見した月の縦穴
　右側の写真の中央に見える丸い穴が縦穴。直径が60-70mで深さは80-90mと推定されている。
　（出典：JAXA宇宙科学研究所　http://www.isas.jaxa.jp/j/forefront/2010/haruyama/index.shtml）

細な地形や，重力分布，鉱物の組成，地下構造などのデータを得ている。また，興味深いこととして，月の表面に直径・深さが100mほどの縦穴を発見している（図5-6）。おそらく溶岩が流れ出した後にできる溶岩チューブと呼ばれるものだと思われるが，今後の探査が期待される。

（2） 月の軌道と運動

　「月は地球の周りを回っている」とほとんどの人が思っているであろう。これは，間違いではないが，地球が太陽の周りを公転する運動も考慮するとちょっと複雑になる。単純には，太陽の周りを回る地球の周りを月が回っていると考えればよさそうではあるが，では，太陽の周りの

月の軌道を描くとどうなるであろうか。なかなか正確にわかりやすい図を描くのは難しいのであるが，月の太陽周りの軌道は太陽に対して常に凹の曲線になるのである。このことが何を意味しているかというと，月には，太陽と地球の万有引力がはたらくが，その引力の大きさは太陽からの方が地球からの引力よりも大きいということである。つまり，月の運動は地球ではなくて太陽に支配されているということになる。実際に引力の大きさを計算してみると，太陽からの引力の方が地球からの引力の2倍くらいになる。では，どうして月は地球の周りを回っていられるのかというと，太陽は地球と月の両方を引っ張っているわけで，地球から見たとき月への太陽の引力の影響は小さくなるためである。これは太陽の引力が潮汐力として働くためとも言える。

　もう1つ月の運動の特徴は，月が常に同じ面を地球に向けているということである。どうして月は地球に同じ面しか向けていないのであろうか。一番大きな理由は，月の自転周期と月が地球の周りを回る公転周期とが一致しているためである。ただし，理由はこれだけではない。月の自転の方向と公転の方向が一致していること，また，月の自転軸がその公転面に垂直であることも月が同じ面を地球に向けていることに関係している。このような特別な関係になっている理由は，地球と月の長い進化の過程の結果なのである。

　実際は，月の自転運動は複雑であり，「秤動（ひょうどう）」という運動がある。秤動は，月の軌道の形や向きに依存する幾何学的な要因と，月の自転が実際に揺れている要因の両方がある。秤動によって，地球からは月の表面の約59％を見ることができる。

（3）潮汐

　月による地球への影響でその光以外に最も大きいことは，潮汐であろ

う。潮汐とは，他の天体の引力によって天体の表面が上下する現象である。潮の満ち引きがすぐに頭に浮かぶが，海水だけでなく固体としての地球や地球の大気においても同様な現象が起こっている。

実際の潮の満ち引きはかなり複雑なものになるが，単純に言うと，ある地点では1日に2回ずつ満潮と干潮が起こ

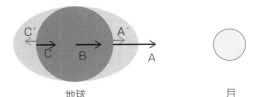

図5-7 潮汐と潮汐力の説明

月からの距離に応じて，A，B，Cの大きさの力を受けているとする。地球に乗っている人から見ると，Bの力を受けていないように感じるので，Bの力をキャンセルするように各力にBの逆向きの力を加えると，残った差分の力がA'とC'になる。これが潮汐力の簡略化した説明である。

る。これは地球が月に対してほぼ1日で自転しているためであるが，月の引力によって月の方向に海水が引き寄せられるとすれば，1日に1回しか満潮にならないはずである。1日に2回，満潮となるのは，月からの引力によって海水が図5-7のようになっているためである。つまり，月とは逆側でも海水が満ちているのである。このような海水の分布を作る力を潮汐力と呼ぶ（図5-7）。

潮汐力の直感的な説明を行おうとすると少しページを割かないといけないのでここでは省略するが，潮汐力が生じる原因は，月からの引力の大きさが地球の各場所によって異なるためである。

（4）月の起源

月の起源については，昔からいろいろな説が考えられてきた。代表的なものとしては「親子説」，「兄弟説」，「他人説」と呼ばれるものがある。「親子説」というのは，まず地球が生まれて，その一部が分離して月になったというものである。「兄弟説」とは，地球と月とが同時に同

じ場所で形成されたとするものである。また「他人説」は，地球と月とは別々の場所で生まれて，たまたま地球に近づいたときに月が地球の引力によって捕まえられたとするものである。これらの説では，地球のマントルと月の石の化学組成が似ていることが説明できなかったり，あるいは地球―月系の力学的性質（角運動量）が説明できなかったりした。

　そこで，いろいろな性質をすべて説明するものとして「巨大衝突説」というものが提唱された（図5-8）。これは，地球が生まれたときにかなり大きい天体が衝突してきて，その天体の破片と地球物質とが地球の周りを公転し，そこから月が生まれたとするものである。この説によると，衝突が起こったあと1か月ほどで月が生まれてしまったということである。月は，地球にかなり近いところで生まれたのであるが，地球と月との引力による相互作用（潮汐力）によって月は徐々に地球から離れていった。同時に，月や地球の自転の速度も遅くなっていった。そして，現在は，月の公転周期と自転周期とが一致するところまで変化してきたのである。現在でも月は地球から遠ざかっている。その量は，1年間に4cmくらいである。それに伴って，月の公転周期や自転周期も遅くなっていくし，地球の自転も遅くなっていく。最終的には，月の公転周期・自転周期と地球の自転周期が等しくなるまで進化するとも考えられている。

　現在の月は，見かけの大きさがちょうど太陽と等しくなる位置にある。つまり，月がちょうど太陽を隠す大きさになっているのである。地球と月の距離が変化していることを思うと，現在という人類文明が発展したときに皆既日食が一番美しく見えるのは，何とも不思議な偶然である。

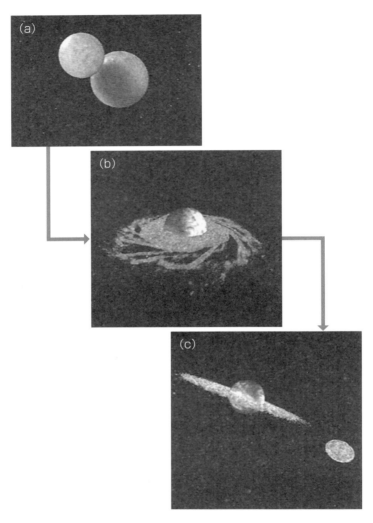

図5-8 巨大衝突説による月の誕生

地球誕生初期に大きな天体の衝突によって生じた多数の破片が地球の周りを回っていたが，互いに合体を繰り返し，月へと成長していった。成長にかかった時間は1か月ないし1年とも言われており，出来たばかりの月は地球のすぐ近くにあった。

(出典：(a)：Copyright © 2007 武田隆顕，Robin M.Canup, 4D2U Project, NAOJ,
(b)，(c)：Copyright © 2007 武田隆顕，4D2U Project, NAOJ)

3. 月と人類

（1）暦

　宇宙というと日常生活とは無関係と思われがちであるが，日常生活に深く関係した事項として暦（カレンダー）がある。あまりにも日常的過ぎて暦に宇宙を感じないかもしれないが，暦は，太陽（または地球と言ってもよい）と月の運動を人間が徹底的に知ることで作られた産物と言ってよい。

　現在，我々が普段使っている暦は，「太陽暦」と呼ばれるものである。より詳しく言うと「グレゴリオ暦」と呼ばれる暦である。太陽暦は，太陽の動き，すなわち地球が太陽の周りを公転する動きに準拠して作られている暦である。つまり1年という単位は地球が太陽の周りを公転する周期に等しく，この単位を基本にすると季節は常に同じように巡ってくることになる。ここでは，天体としての月は基本的には関係ない。

　ところが，暦の中には太陽の動きはあまり気にしないで，月の動きに注目したものがある。それが「太陰暦」である。太陰暦では，月の満ち欠けの周期が基本となる。これが1か月である。月の満ち欠けの周期，つまり新月から新月まで（あるいは満月から満月まで）の期間のことを，1朔望月と呼ぶが，これは，約29.5日となる。ここで1日という単位は，地球の自転周期であるが，厳密に言えば1太陽日である。要するに24時間のことである。

　もちろん，29.5日を1か月とすることはできないので，太陰暦での1か月は29日と30日を繰り返すことになる。前者が"小の月"で後者が"大の月"である。さらに1年を12か月とすると，1年の日数は354日となり太陽暦の365日とは異なることになる。このような暦は，現在でも使われており，例えば主にイスラム圏で使われているイスラム暦はこ

の太陰暦である。太陰暦の月は季節を表さないので，例えば日本でいえば1月が常に冬とは言えない。

　太陰暦では，月の満ち欠けとひと月が一致していてわかりやすいが，季節がずれてしまうのは不便である。そこで，太陽暦と太陰暦の両方のよいところを取ったような暦が工夫された。それが，「太陰太陽暦」である。この暦では，1年は太陽の動きの周期に準拠し，ひと月は1朔望月に準拠することになる。そうするためには，2，3年に1回，"うるう月"と呼ばれる月を挿入しなければいけない。この点が太陰太陽暦を複雑なものにしている。また，1年の長さが年によって1か月も違うことになり，いろいろ不都合を生じることになる。

　日本の"旧暦"と呼ばれるものは，太陰太陽暦である。日本では，明治5年（1872年）に欧米に合わせて太陽暦に変更されるまでは，太陰太陽暦が使われていた。日本は欧米との通商をやりやすくするために暦を変えたわけであるが，そのためにそれまでの風習を犠牲にしてしまった例もある。その最も顕著な例が，七夕（たなばた）である。七夕は，7月7日に行われる行事であるが，新暦の7月7日は，日本列島はまだ梅雨が明けていない。つまり，晴れない日が多いことになる。ところが，旧暦の7月7日は，新暦の7月7日よりも1か月ないし1か月半ほど後になる。つまり，梅雨が明けて夏が真っ盛りのときに七夕となるのである。現在では，旧暦の七夕の日を「伝統的七夕」と称している。伝統的七夕つまり旧暦の7月7日は，2021年では8月14日，2022年では8月4日，2023年では8月22日となる。

（2）月と文化

　月は，身近な天体であるだけあって，暦以外にもいろいろな文化的なことと関係している。まず，すぐに思い浮かぶのは，"お月見"であろ

う。"月見"というのは，特に満月を眺めて楽しむものであるが，特に旧暦の8月15日に出る満月を見る風習が，"十五夜のお月見"として定着した。

　この風習は，中国で始まったとされており，朝鮮や日本に伝わってきたものである。中国では月餅というお菓子をお供えして月を見るということであるが，これが日本では月見団子になったのであろう。また，日本ではススキも飾ってお月見をする。この旧暦8月15日の月のことを「中秋の名月」とも呼ぶ。旧暦では8月15日は満月になる。ただし，月の軌道が厳密な円軌道ではないために，満月となる日は1日程度前後することもある。中秋の名月となる日つまり旧暦の8月15日は，2021年では9月21日，2022年では9月10日，2023年では9月29日となる。

　昔の人々が注目してきたのは満月だけではない。月は毎日その光っている部分の形が変わる天体である。昔の人は，その月の形に様々な名前を付けてきた。新月，半月，満月はよいとして，満月の1日前（14日目）の月には「宵待月」，1日後（16日目）の月には「いざよい月（十六夜月）」という名前が付けられている。また，17日目以降の月の名前が面白い。17日目は「立待月（たちまちづき）」，18日目が「居待月（いまちづき）」，19日目が「臥待月（ふしまちづき）・寝待月（ねまちづき）」，そして20日目が「宵暗月（よいやみづき）・更待月（ふけまちづき）」というように呼ばれていたのである。これらの呼び名を見ると，昔の人がいかに月が昇ってくるのを待っていたかが伝わってくる。

　そもそも，ひと月の最初の日のことを「ついたち」と呼ぶが，これは"月立ち"ということで月が新月から生まれてくる様子を述べたものである。また，普段は使わない言葉になってしまったがひと月の最後の日のことを"三十日・晦日（みそか）"という。最近では，1年の最後の日である"大晦日（おおみそか）"くらいしかこの言葉は使わないが，

「晦」という漢字は，"つごもり"と読む。これは，"月隠り（つきごもり）"ということで，月が欠けていって新月になってしまうことを指したものである。このように月は我々の日常に深く関わってきたのである。

参考文献

渡部潤一他編『太陽系と惑星』（シリーズ現代の天文学 第9巻）日本評論社，2008
大森耶一，鳥海光弘『ダイナミックな地球』放送大学教育振興会，2016

6 | 地球型惑星の世界

宮本　英昭

《目標&ポイント》 外国を旅することで，かえって自分の国について理解が深まることがある。これと同じように，地球と似た天体を調べることは，地球をより深く理解することへとつながる。ここでは地球型惑星と呼ばれる天体を比較することで，地球の特異性と他天体との類似性について考察する。私たちはなぜ地球に住んでいるのか，という重要な問いも念頭におきながら，固体惑星の進化過程を読み解こう。
《キーワード》 水星，金星，火星，火山，プレートテクトニクス，気候変動，衝突現象

1. 地球型惑星とは

　太陽系には8つの惑星とその周りを周る100個以上の衛星があり，さらに無数の小天体（小惑星，彗星等）がある。天体の数としては百万個以上存在するといわれる小天体が最も多く，一方で質量としては太陽系の約99.9％を太陽が占める（第1章）。残りの0.1％の質量の大部分は木星型惑星（木星・土星）であり，私たちの住む地球は取るに足らない存在であるようにも感じられる。しかし地球は岩石質の表面を持つ天体の中で最も大きい（表6-1，図6-1）。

表6-1 地球型惑星の物性値の一覧（「理科年表」などより）

天体名	赤道半径 (km)	密度 (10^3 kg·m^{-3})	赤道重力 (地球=1)	自転周期 (日)	最高表面温度 (K)
水星	2439.7	5.43	0.38	58.6462	700
金星	6051.8	5.24	0.91	243.0185	735
地球	6378.1	5.51	1.00	0.9978	311
（月）	(1737.4)	(3.34)	(0.17)	(27.3217)	(396)
火星	3996.2	3.93	0.38	1.0260	293

（1）地球型惑星の特徴

太陽系は太陽からの距離に応じて，存在している物質が大きく異なる。太陽に近い場所には岩石のような難揮発性の物質が多く，遠い場所には氷など揮発性の物質が多い。太陽系の内側にある岩石と金属鉄でできている惑星を地球型惑星（本章と第7章）と呼んでおり，外側にある木星型惑星（木星・土星：第8章）や天王星型惑星（天王星・海王星：第9章）と区別している（第9章）。地球型惑星は狭義では水星と金星，地球，火星を意味するが，ここではこれに性質が似ている月を加えたものとする（広義では，さらに木星の衛星イオや準惑星ケレスが含まれることもある（図6-1）。密度で惑星を比較するとわかりやすい（図6-2，表6-1）。なお氷の密度は900 kg/m^{3}程度であり，岩石や金属は3000 kg/m^{3}程度以上である。

第6章 地球型惑星の世界 | 119

図6-1 太陽系内に存在している固体表面をもつ半径1500 km以上の天体
＊月は惑星ではないが，ここでは地球型惑星として扱う。
（出典：NASA，ESA，USGS）

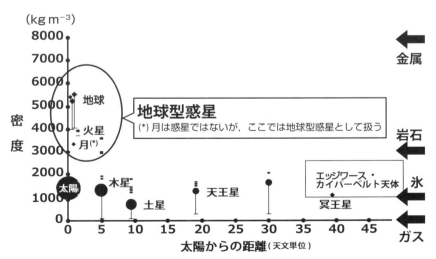

図6-2 太陽系の主な天体の密度と太陽からの距離の関係

さて、月以外の地球型惑星は約46億年前に、原始太陽系星雲から互いに似たような過程を経て形成された（月については、第5章を参照）。太陽から近い距離にあった岩石質の微惑星が大量に集まることで地球型惑星が形成されていったが、このときに膨大な熱も蓄積されるため、こうした惑星は形成後に一旦溶融したと考えられている。その際に重い金属が分離して中心に

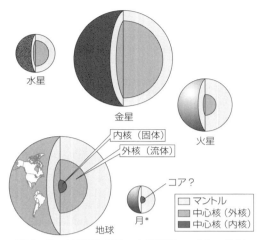

図6-3　地球型惑星の内部構造モデルの比較
＊月は惑星ではないが、ここでは地球型惑星として扱う。

集まり、鉄とニッケルに富む中心核が形成されたと考えられている（図6-3に、地球型惑星の予想される内部構造を示した）。

　地球の場合、金属でできている中心核を覆うマントルは、主にかんらん岩（マグネシウムとケイ素を多く含む）でできていることが知られているが、これは他の地球型惑星でも同様であろうと考えられている。その外側にある地殻はマントルよりも軽い岩石で形成されていて、その主要な岩石は玄武岩である。したがって水星や金星、火星の表面において最も普通に見られる岩石は、富士山やハワイにある岩石の仲間ということになる。

　地球型惑星のもう1つの特徴は、惑星全体の質量と比較すると少量の大気しか持たないという点だ。そしてその大気の主成分も、水素やヘリウムを主成分とする木星型惑星と異なって、炭素や窒素、酸素等で構成

されている（過去には大気を保持していたが，現在は大気が散逸してしまいほとんど存在しない天体もある）。地球型惑星の大気の原材料は，揮発性物質に富む小惑星や彗星がもたらしたと考えられている。こうした天体が地球型惑星に衝突し，衝突時に蒸発した揮発性成分が惑星表面に放出されることで蓄積し，惑星に大気が形成されたのだろう。このような大気はいったん形成されたとしても，長期間にわたって安定的に維持されるとはかぎらない。質量の小さな天体は重力も小さいので大気を保持することが難しく，また大気は太陽風や宇宙線によっても散逸を受けるからである（たとえば水星は大気をほとんど持っていない）。現在比較的厚い大気をまとっている金星，地球，火星の大気は，惑星の熱進化の過程で内部からの脱ガスによって生成された大気である。したがって大気を長い間安定的に保持できるかは，次で述べる惑星の熱進化と密接な関連がある。

（2）地球型惑星の熱進化

　地球型惑星は，固い岩石質の表面を持つということを上で述べた。あたりまえに思うかもしれないが，このことにより，地表にさまざまな活動の痕跡が残るのが地球型惑星の重要な特徴である。たとえば小天体が重力に引かれて惑星に衝突することがある。その確率がそれほど大きく変動しないと仮定すると，クレーターの多い地域は地表面の形成年代が古く，逆に少ないと若いと考えられる。こうした考えを使って表面年代を決定する手法を，クレーター年代学と呼ぶ。この手法は広く用いられているのだが，実はクレーターの密度と絶対年代の対応関係はよくわかっていない。月だけは例外で，アポロ計画で採取された岩石の分析から岩石の年代がわかっているため，これと岩石採取地点のクレーター密度との関連がかなり正確に決定されている。他の惑星におけるクレー

ター年代の推定は，月の例を参考に行われている場合が多い。

　その他，火山地形も全ての地球型惑星で見られるし，断層などの構造地形も見られる。こうした地形は，天体内部における熱が放出されるさまざまなプロセスの痕跡とみなすことができるので，固体の地殻を持つ地球型惑星は，その熱進化を地表面に残された痕跡から追うことができる。

　地球型惑星の持つ熱の総量は，形成時に持ち込まれた重力エネルギーや太陽から受け取る熱に加えて，天体内部の熱源によってほぼ決まっていると考えられている。内部の熱源とは，放射性元素，特にウランやトリウム，カリウムなどの壊変（原子核の分裂）によるものである。

　地球ほど大きな天体の場合，天体内部の放射性元素によって生みだされる熱量はとても大きなものになる。これを宇宙空間へと放出するには，熱がじわじわと伝わる熱伝導では効率が悪いため，固体であるマントルまでもがゆっくりとした対流運動（マントル対流）をする。地球の場合は，このマントルの対流に応じて表面がいくつかの薄板（プレート）に割れて相対運動をするようになった。この現象をプレートテクトニクスと呼ぶ。地球上のほとんどすべての地質学的現象は，プレートテクトニクスと関連している。このことは，たとえば火山や地震活動がプレートの境界に位置する地域に集中していることからも推察できる。

　金星や火星は地球と似たような元素でつくられていると考えられているため，ある程度似かよった量の熱源を持つであろう。すると内部の熱を効率よく宇宙空間へと運ぶ機構が必要となるはずで，プレートテクトニクスはこうした天体に普遍的に生じると想像される。ところがどういうわけか，地球以外の天体にはプレートテクトニクスの痕跡が見当たらず，それぞれ独特の形で熱を放出しているようだ。

　さて，内部熱源の量は大雑把に言うと天体の体積が大きければ大きい

ほど多い．冷えやすさは，マントル対流の効果やプレートテクトニクスの有無などいろいろな条件で変化するが，大雑把に言うと天体の表面積に関係する．体積は半径の3乗に比例し，表面積は2乗に比例することから，大きな天体であればあるほど，内部熱源が多いという効果が卓越しそうである．そのため地球型惑星の中でも，比較的大きな金星・地球・火星と，小さな月・水星と分けると見通しがよい．そこで以下ではまず，金星と火星について議論し，次にこれと比較する形で月と水星を議論することにしよう．

2. 灼熱地獄の金星

明けの明星と言われ，古くから親しまれてきた金星は，実は分厚い雲に覆われていて，地表面の様子を地球から知ることができなかった．しかし金星の大きさは地球と同程度であり，太陽からの距離も地球とほぼ等しいことから，かつては金星と地球は良く似た天体であろうと考えられてきた．ところが探査機が明らかにした金星の姿とは，一言で言えば灼熱地獄ともいうべきものであっ

図6-4　マゼラン探査機が合成開口レーダーを用いて取得した金星表面の画像　（出典：NASA/JPL/USGS）

た．地表面の平均温度は約450℃，すなわち鉛が溶けだすほどの高温に達し，大気は地表付近で90気圧以上もの高圧に達しており（これは約1000 mの深海底における圧力とほぼ等しい），その成分のほとんどは二酸化炭素である．

金星にプレートテクトニクスがないことは，探査機が金星の本格的な調査を行う1990年代になるまでわからなかった。金星の上空約50－65 kmの間には硫酸の厚い雲が存在するため，地表面の様子は地球にある可視光の望遠鏡などでは観察することができなかったからだ。これを打ち破ったのが，雲を透過する電磁波を利用した合成開口レーダーと呼ばれる探査技術である（図6-4）。90年代初頭に活躍した金星探査機マゼランは，この技術を用いて解像度約100－200 mで地表面の95％以上を撮像することに初めて成功した。さらに金星全体を網羅する高度データ（図6-5）や重力データも獲得したため，金星表面の全球的な様子が明らかになった。

　探査機マゼランが明らかにしたところによると，金星にはプレートテクトニクスの存在を示す証拠が見あたらない（図6-5）。たとえば金星の表面積の60％は平坦で溶岩に覆われた「平原」であるが，これは地球の海洋地殻のように，中央海嶺で次々と生成されてはマントルに運ばれ拡大していったのではなく，大規模な火成活動が生じた結果として作られたらしい。さらに平原には，地球のプレート境界でみられる海溝のような直線状の構造がみられず（図6-5），どちらかというと丸みを帯びた構造や高地でさえぎられている。金星の約16％は山脈や火山であるが，これらは地球よりも大きなものが多い（図6-5）。プレートテクトニクスが存在しないために，地球と異なって火山活動が同じ場所で長時間続くことが，山脈や火山を大きくした原因なのであろう。

　金星にプレートテクトニクスの痕跡は見つからなかったが，マントル運動に応じて作られた地形は数多くみつかった。たとえばアトラ・リージョやベータ・リージョと呼ばれる場所（図6-5）には，直径1000－2000 kmもの大きさの地形的な高まりがある。こうした場所は多くの火山活動を伴うだけでなく強い重力異常があることから，マントル上昇流

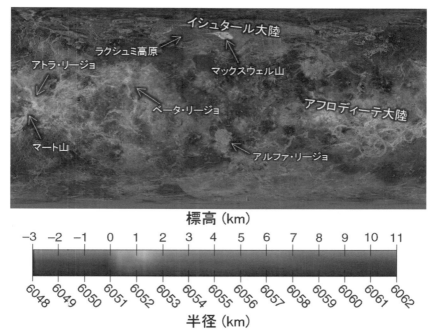

図6-5 金星の標高図と各地域の地名。マゼラン探査機が取得した画像に標高データを重ねて作成

(出典：NASA/JPL/USGS)

が地殻にぶつかった場所であると推察されている。またコロナ（図6-6）と呼ばれている金星に特有の地形（直径2-300 km程度）が500個以上発見されており，これらもやはりマントルの上昇流によって形作られたと考えられている。こうした地形のあいだには，地溝帯やテセラ（図6-6）と呼ばれるひどく変形した高地が存在しているが，これらはマントルの上昇流に伴って地表が水平方向へと変動することで形成されたのだろう。このように，金星は地球と同様に火山や断層などを持つが，全体としては似ても似つかない表面活動の特徴を持っている。

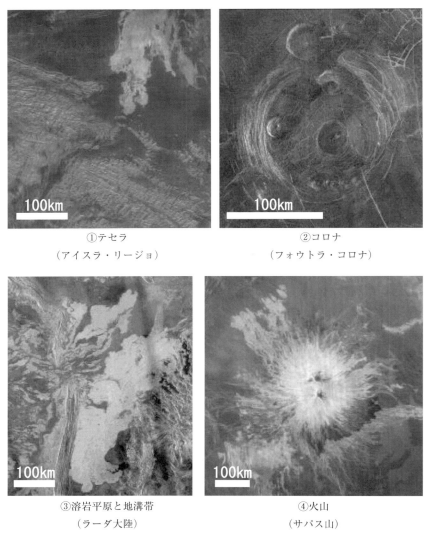

図6-6 金星に特徴的にみられるさまざまな地形のマゼラン探査機レーダー画像
形成年代は①が最も古く，②，③，④の順で若い。

（出典：NASA/JPL）

金星における衝突クレーターの分布は大変特徴的である。特徴の1つ目は，数が少ないということ（月や火星など多くの太陽系の天体には，クレーターが無数に存在しているが，金星には全体でも1000個程度しか存在していない），2つ目はクレーターの分布に地域的な偏りが少ないことである。こうした特徴は，金星の地表面の年代が若いことを示唆していて，恐らく数億年程度という年代になると考えられている。この値は，火星や月の30-40億年程度という値を考えると，非常に若い。つまり金星は他の天体と比較して，地質学的に非常に活発な天体なのだ。こうした理由から，金星は数億年前から現在までの間に地表面が完全に「更新」されたのであろうと考えられている。どのように「更新」されたのかは謎が多いが，金星の平地が大規模な溶岩流で覆われていることなどから，金星では数億年前に突然大規模な火成活動が生じたか，またはその頃から長期間にわたる火成活動が継続的に生じて，地表面のかなりの部分が溶岩で埋め尽くされたとする説が有力である。

　このように，金星は地球と大きく異なった進化を遂げたようだ。ではいったい何が地球と異なっていたのだろうか？現在の金星の分厚い大気は，95％が二酸化炭素でできている。この膨大な量の二酸化炭素によって温室効果が生じ，金星の地表は太陽により近い水星の表面温度よりも高くなっている。ちなみに地球では，二酸化炭素は炭酸塩として閉じ込められているが，仮にこれを全て大気に戻してみると，金星の大気に近い大気組成になる。そう考えると，金星と地球とが異なった大きな要素の1つは，地球で炭酸塩岩を形成するうえで主要な役割を果たした，水（海）の存在であろう。

　現在の金星大気には水蒸気は0.002％しかないが，かつては地球のように大量の水が存在していたのかもしれない。金星大気に含まれる重水素と水素の比率は，地球よりも150倍も大きいのだが，これは表面から

蒸発した水蒸気が太陽風との相互作用などによって失われた際に軽い元素が選択的になくなったと考えると，うまく説明できる．こうして宇宙空間へ水を失ったため（または太陽に近かったため，もともと材料物質に水の量が少なかったため），地球のように海洋中で二酸化炭素を炭酸塩岩として固定されることがなく，現在のような分厚い二酸化炭素の大気をまとうようになったのかもしれない．

さらにいえば，水の存在は天体内部の熱を放出する機構にも密接に関係している．水が少量でも存在していると，岩石の強度が大きく変わるからだ．水が無い金星の場合，表面を覆う玄武岩は極度に乾燥しているが，これは水を含む地球の玄武岩と比べるとはるかに割れにくい．おそらくこの理由で，金星にはプレートテクトニクスが存在せず，上でみたようなプルームテクトニクスと呼ぶべき特殊な機構が働いているのであろう．これは金星の大気と内部熱との相互作用の結果生まれたものであるが，そもそも金星が太陽に近いために地表面が熱せられて水が水蒸気になりやすく，温室効果も働きやすかったことが原因かもしれない．

3. 火星と地球

次の第7章で詳しく述べるが，火星にはかつて海が存在し温暖湿潤な気候が維持された時期があったと考えられている．火山活動は火星の歴史を通じて生じていたし，風や水，氷による浸食作用も受けていた．表層環境については，火星は地球と最も似た天体であったわけだ．しかしこうした見かけ上の類似点の割に，火星は地球とはかなり異なった進化をしたようだ．

火星には三十数億年前に暖かく湿った環境があり，地表面において水循環が生じていたことはほぼ間違いない．しかし火星は地球よりも小さ

く，表面重力は約1/3しかない。そのため大気を保持しつづける力が地球と比べると弱いので，宇宙空間へ大気が失われやすい。また火星の質量は地球の10分の1しかないため，もともと持っている熱源は地球と比べると遥かに小さかった。これが正しければ，初期の段階ではプレートテクトニクスが駆動していたかもしれないが，地球よりも早くに熱を失ってしまったために停止してしまったのだろう。このため地球のように活発な火成活動は維持できなかった。すると火山ガスによる揮発性成分の供給が限定的となり，失われつつある大気を補充し維持し続けることはできなかった。そしておそらく冷却により中心核の状態も変わってしまい，かつて強い固有磁場を持っていた火星は，いつしか磁場を失ってしまった。磁場は宇宙から降る放射線を遮蔽するが，その磁場が消えてしまうと，放射線が直接降り注ぎ，大気の散逸速度が速くなるであろう。こうした理由から，火星は現在のように薄い大気しか持たない天体になったのであろう。大気が薄くなるにつれて気候も大きく変化し，水循環は止まってしまった。このことは，地表面に残されている水による浸食・堆積や火山活動の痕跡が約35億年前までのものが多いことからも推察できる。火星のその後の地質学的な活動度は，地球に比較すると極めて限定的であったようだ。このように金星，地球，火星を比較すると，やはり表面における液体の水＝海の存在如何が，大きな違いを作っていることがわかる。そしてそれは，太陽からの距離の小さな違いや，惑星の大きさの違いに起因しているということも。

4. 小さな地球型惑星としてみた月

　小さな地球型惑星は，内部熱源が少ないために比較的冷えやすい。そのため地衾にみられる地質学的な活動度は小さく，地表面の年代は古

い。また重力も小さいために，大気を保持することが困難である。こうした理由から，地表面は無数の衝突クレーターに覆われることとなった。

月の半径は地球の約1/4，質量は約1/80しかない。しかし惑星に対する衛星の大きさの比率は太陽系にある全ての衛星の中で最大であり，5番目に重い衛星でもある。つまり月は地球にとって不釣り合いなほど大きな衛星だ。これは月が特殊な過程を経て作られたことを示唆している。

月が作られたのは，地球の形成がほぼ終わる約45億年前ころである。当時，太陽系の内側の領域には，月や火星ほどの大きさをもつ原始惑星とよばれる天体が沢山存在しており，これが衝突や融合を繰り返すことで，現在の地球が作られていったと考えられている。その過程で，どうやら火星ほどの巨大な天体が地球に衝突し，地球の一部がはぎとられたらしい。こうして地球から放出された物質が重力に引かれあって集まることで，月が誕生したと考えられている。このような特別な形成過程を経たので，地球と比べると月には揮発性物質や鉄が少ないのだろう。

形成直後の月は，深さ数百km以上にもわたるマグマの海で覆われていたらしい。このマグマの海が次第に冷えていくにつれて，まずは高い温度でも作られやすいカンラン石と輝石が結晶した。いったん作られたカンラン石や輝石の結晶は，マグマの海に比べて重いので底の方へ沈んでいったと考えられているが，こうした鉱物には比較的軽いアルミニウムやカルシウムは含まれないので，次第にマグマの海は両元素に富んでいった。そのマグマの海で，あるときから白っぽい斜長石の結晶が形成されたのだが，これは逆に軽いためにマグマの海の表面に浮かびあがり，ついには月の表面を覆いつくして現在の月の地殻となった。

こうして作られた月の地殻は厚さが数十－百km程度もあり，10－40km程度の地球と比べるとかなり厚い。そのため月の冷却過程は厚い

地殻を通じた熱伝導が主要因となった。地球と比べると，月は格段に小さい。そのため内部に持つ熱源の量はかなり少なく，地殻を更新するような活動を，なかなか持ちえなかった。次第に月が冷えるにしたがって，この厚い地殻を壊すのはますます難しくなっていくため，火山や断層などは地球のように発達せず，多数の小天体の衝突によるクレーターの形成が卓越することとなったのだ。

　さて月には，暗く見える海と呼ばれる地域と，明るく見える高地と呼ばれる地域がある（図6-7）。海はマグネシウムや鉄に富む玄武岩でできているが，これは巨大な小天体が衝突してつくられた衝突盆地に，玄武岩質マグマが流れ込んで埋めつくしたからだ。月の高地は主にアルミニウムやカルシウムに富む斜長岩と呼ばれる岩石でできているが，クレーターが数多くみられることから，古い地殻であることがわかる。どちらの地域もレゴリスと呼ばれる大小さまざまな岩片で覆われている。これらは度重なる小天体の衝突によって表面の地殻が何度も掘り起こされては砕け散ることで，作られたと考えられている。

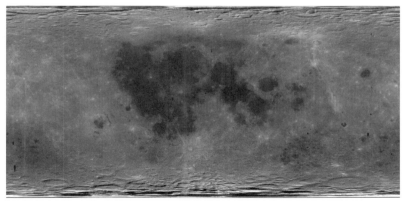

図6-7　月探査機クレメンタインが可視領域（中心波長750 nm）で撮像した約43,000枚の画像を組み合わせた全球モザイク画像

（出典：NASA/JPL/USGS）

月において標高が最も低い場所は裏側にある大きなサウスエイトケン盆地で，標高マイナス9km，最も高い地点は裏側の赤道付近にあるクレーターの縁で，標高約11kmである。地球のエベレストが標高約9km，マリアナ海溝が深度約11kmであることを考えると，地球の4分の1の大きさしか無い月が，いかに起伏に富んでいるかを理解できる。これは月の地殻が硬い事が一因であろう。

5. 月と似て非なる惑星－水星

水星以外の地球型惑星は，質量比で約30％の金属鉄のコアが惑星中心部に存在している。一方で水星の金属鉄の量は他の惑星と比べて著しく多く，質量で約60－70％程度存在していると考えられている。その原因については，まだはっきりとしたことはわからないが，水星形成時に，天体が水星に高速衝突を起こして，岩石の大部分が剥ぎ取られたのが原因だとする説がある。

月と同じように小さな地球型惑星である水星は，太陽系の惑星の中で最も太陽に近い。水星の自転周期は59日もあるため，水星の1日は地球の176日も続く。そのため昼は430℃まで気温が上昇するにもかかわらず夜は－200℃まで下がるという，表面温度の日変化が極端に大きい惑星である。

水星の表面も無数のクレーターに覆われており，一見すると月と良く似ている（図6-8）。このことは，月と同様に地質学的な活動がはるか前に停止したことを示唆している。クレーター年代学によると，水星は惑星の中で表面年代が最も古い惑星である。しかし近年のメッセンジャー探査機による探査で，内部が溶岩で満たされている直径100km以上のクレーターが数多く見つかった（図6-9）。そのため水星は過去においては，意外なほど活発な火山活動があったと考えられている。

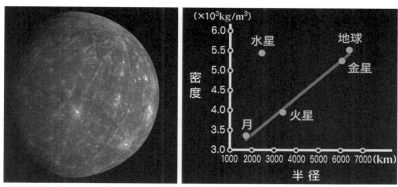

図6-8 メッセンジャーが2回目のフライバイで撮影した水星の画像(左)と，地球型惑星の大きさと平均密度の関係(右)
(出典：NASA/Johns Hopkins University Applied Physics Laboratory/Carnegie Institution of Washington)

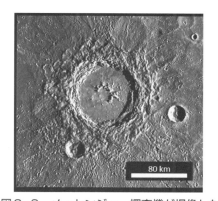 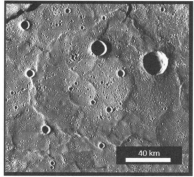

図6-9 メッセンジャー探査機が撮像した水星の衝突クレーター
　形成時の形状をそのまま維持している例が左，右は溶岩流がクレーターの内側に流れ込んだもの。
(出典：NASA/Johns Hopkins University Applied Physics Laboratory/Carnegie Institution of Washington)

水星のクレーターの中で最大のものはカロリス盆地である。その直径は1550 kmにも達しており，水星の直径の1/3以上もの大きさである。これは地球型惑星にできたクレーターの中で最も大きい。もしこれほど大きなクレーターが月面に存在したら，そのクレーターの内部は溶岩で覆われて黒い海となっていると考えられるが，カロリス盆地の場合は逆で内部が明るく外側は黒いリング状の構造を持つ。そのためカロリス盆地は内部の明るい物質を掘削した，いわば内部の窓になっていると考えられている。カロリス盆地の周縁部には火山性の地形が多数存在しており，例えば不規則な崩落地やドーム状の高まり，明るい堆積物などが見つかっている。これらは，それぞれ火山の噴火口，溶岩ドーム，火砕物の堆積物と考えられている。

　水星の密度は5430 kg m^{-3}で地球についで2番目に大きいが，地球が水星よりも大きいために内部が圧密されていることを考慮すれば，実は水星こそ太陽系で最も重い惑星と言う事ができる。なぜここまで重いのかというと，全質量の60％にもなる鉄・ニッケル合金が巨大な中心核として存在しているからである。この割合は地球や他の地球型惑星の倍に相当する巨大さである（図6-3）ため，岩石質のマントルは相対的に薄くなっている。そのためマントル対流が生じていたとしても，小さな対流セルへと簡単に分裂してしまい，大規模なプレートを形成することは難しい。つまり地球のようなプレートテクトニクスは，水星では生じえなかったと考えられている。

実際，水星の表面にはプレートテクトニクスを示唆するような地形に全く見られない。リンクルリッジやクリフ，ルーペスと呼ばれる構造地形（図6-10）が発達しているが，これらのほとんどは地殻の圧縮によって作られる地形である。ルーペスには全球規模といえるほどとても長く続くものがあるが，これは水

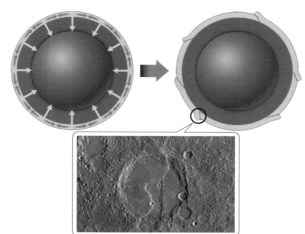

図6-10　水星表面に見られる構造地形の形成プロセスの概念図

　天体自体が収縮する（左上）ことによって，地殻が圧縮され一部が表面に押し出される（右上）。その結果として表面には下の画像のような峰状の地形が現れることになる。

星が冷却する際に天体自体が収縮し，その結果としてつくられる表面部分の巨大な「しわ」のようなものであろう。このように比較的小さい割に中心核の大きな水星は，その熱進化の過程で奇妙な痕跡を地表に残したようだ。

　ところで近年の探査によって水星に固有磁場が見つかったのは驚きであった。というのも，これは内部の中心核がまだ溶融していることを示唆するからだ。なぜ固有磁場のある地球型惑星が地球の他に水星しか無いのかは，まだよくわかっていない。現在探査中のメッセンジャー探査機や，日本とヨーロッパが共同で進めているベッピコロンボ計画によって，水星に関するさらなる理解が進むと期待されている。

6. 地球外惑星から学ぶこと

　探査機の活躍により，地球型惑星の姿が次々と明らかにされてきた。そうした姿は見ているだけでも楽しいが，これが天体の形成から現在までの進化の帰結と考えると，科学的にも大変興味深くなる。月や火星のように固体の表層を持つ天体は，地球と直接的に比較できるという側面で重要であるだけでなく，古い時代の痕跡を化石のように保持しているという意味でも貴重な研究対象となる。

　地球型惑星の探査がもたらした科学的貢献は数多いが，ここでは重要な2点を紹介しよう。まず1つは，地球よりも先に単一の探査機によって全球のデータを取得することに成功した，ということである。これによって，天体を全球規模で考えることの重要性が明らかにされた。たとえば上で述べたように，プレートテクトニクスのような地球では当然と考えられてきた現象が金星には無いという発見は，表層の現象を全球的な観点から考えることの重要さを，明確に示した（図6-11）。

　もう1つは，二酸化炭素による温暖化の効果の発見である。金星には硫酸の雲があって太陽光の大部分は反射されるため，金星が太陽から得ているエネルギーは太陽から遠い地球よりも少ない。ところが地表面温度は鉛が溶けるほどの高温である。この原因を解明するために，さまざまな研究が行なわれた。その結果，大気のほとんどを占める二酸化炭素の温室効果のためであることが明らかにされたが，これは二酸化炭素による惑星の温暖化を明らかにした，世界で最初の研究である。現在の地球科学で最も話題に上るテーマのひとつは二酸化炭素による温暖化現象（の有無）と言うことができるが，これは地球のお隣の星がなぜ奇妙に高温であるかを考えたことによって，初めて理解された現象なのだ。

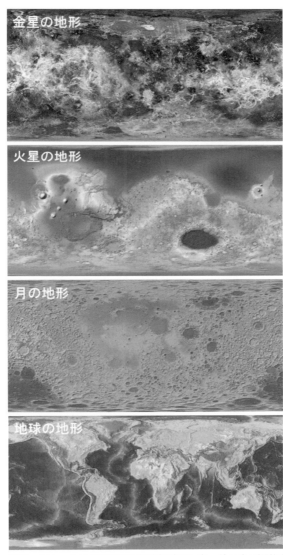

図6-11 4つの天体の全球標高図(いずれも正距円筒図法で投影したもの)
(出典：(上から順に) NASA/JPL/USGS, NASA/JPL/USGS, NASA/JPL/USGS, NOAA)

参考文献

松田佳久『惑星気象学入門』岩波書店，2011
宮本英昭他編『惑星地質学』東京大学出版会，2008
渡部潤一・渡部好恵『最新惑星入門』朝日新聞出版，2016

7 | 火星探査

宮本　英昭

《目標&ポイント》 人類が最も熱心に探査を行っている地球外の惑星は火星である。火星の表面では探査車が砂まみれになって地質調査を行っており，上空からは数十センチメートルの大きさの地形を判別できるカメラを搭載した探査機が，徹底的に表面を調査している。現在は凍りつき極度に乾燥しているこの星も，かつては温暖な気候を持ち，水を豊富に蓄えるなど，地球と似た環境を保持していたらしい。最新の火星探査の成果を，美しい画像と共に概観しよう。
《キーワード》 火星探査，流水地形，火山，海，生命探査

1. 探査が明らかにした火星の姿

　地球に近い赤い惑星「火星」は，古くから人類の興味を集めてきた。しかし科学的に多くの情報が得られるようになったのは，火星へ直接探査機が送り込まれるようになった1960年代からだ。

（1）火星探査の歴史
　19世紀に当時最先端の望遠鏡で火星を観察したミラノ天文台のスキャパレリは，火星に直線状の構造がみられると報告した。アメリカのパーシバル・ローウェルがこれを「知的生命体による人工的な運河である」と解釈したために，火星人が存在するという仮説が広まった。しかし1965年にマリナー4号が火星近傍で表面の撮像に成功した結果，このよ

うな運河が存在しないことが誰の目にも明らかになった（どういうわけか，観察されたはずの直線状の構造も見つからなかった）。

　火星の表面にはじめて着陸することに成功したのは，ソ連のマルス3号（1971年着陸）である。しかし着陸後すぐに通信が途絶してしまい，不鮮明な画像のほんの一部を送るにとどまった。このため人類が火星表面で撮影された写真を初めて手にしたのは，アメリカのバイキング探査機のときである。1975年に1号機，2号機と相次いで打ち上げられたバイキング探査機は，それぞれ母船と着陸機が組み合わされていたので，現在の数え方をすれば4機の火星探査機がほぼ同時期に打ち上げられたことになる。

　バイキング1号着陸機は，76年7月にクリュセ平原（洪水が北部平原へと流れ込む場と考えられている）に，2号着陸機は76年9月にユートピア平原に着陸した（図7-1）。その目的の1つは生命探査実験であり，有機物の検出実験や代謝実験，さらに光合成の実験が行われた。しかし

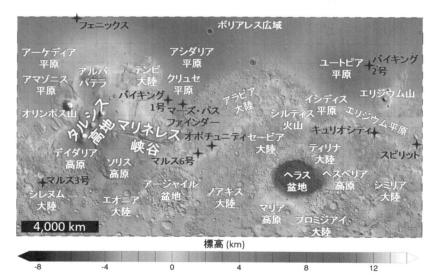

図7-1　火星表面の全球標高図（北緯70°から南緯70°）と各地域の地名
黒色の+印は，これまでに火星に着陸した着陸機と探査車の着陸地点の位置を表す。
（出典：NASA/JPL-Caltech）

その結果は，火星人どころか微生物の存在すら否定するものだった。

それにもかかわらず，映画や小説等では繰り返し火星人が話題にのぼり続けていた。生命は見つからなかったとはいえ，地球に酷似した火星の風景が，人々に訴えるものがあったのかもしれない。特に1990年代以降になってから火星探査は活発に行われている。そして約20機もの探査機が火星探査に成功したことによって，過去に火星生命が誕生していた可能性を完全には否定しきれなくなってきたことは，少し皮肉な結果と言えるかもしれない。

探査機の性能は，近年の技術の進歩に伴って大幅に向上した。たとえばマーズ・リコネサンス・オービター（2005年打上げ）に搭載されている高解像度可視近赤外カラーバンドカメラは，最高で25センチメートル/ピクセルの高い解像度で火星の地表を撮影できる（図7-2）。これは従来までよく使われていたバイキング探査機の画像（解像度：数百m/ピクセル）を遥かに凌駕する圧倒的な解像度であり，地球の航空写真と同等以上の解像度といえる。さらに可視・近赤外分光計や熱放射スペクトルメータは，太陽光や熱が地表面から反射/放射される時の光の波長の変化を調べることで，表面の状態に関する情報を得ることができる。ガンマ線スペクトルメー

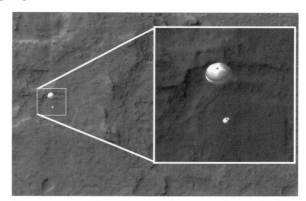

図7-2　マーズ・リコネサンス・オービターが撮像した，降下中の探査車キュリオシティ
（出典：NASA/JPL/University of Arizona）

タは，宇宙から照射された放射線によって火星地下で生まれる電磁波を捉えることで，地下の化学組成を調査できるし，レーダーサウンダーと呼ばれるある種のレーダーを用いることで，火星軌道上から地下構造を推定することができる。こうした機器を搭載したいくつもの火星探査機が軌道上で1990年代後半から絶え間なく観測を続けている。

これに加えて，地表を長距離移動しながら，表面にある岩石を採取し化学組成を分析することができる探査車（ローバー）（図7-3）も登場した。火星上で10年以上にわたって探査し続けているローバーもあり，リモートセンシングでは得られない「その場」観測による情報を，時々刻々と獲得しているのである。現時点（2017年1月）において，火星では2台の探査車が地表面で探査を続けており，6機の周回機が軌道上からリモートセンシング探査を続けている。そしてその成果は，いまこの瞬間も次々と地球へと伝送されており，火星に関する人類の知識は，爆発的な勢いで増大している。

図7-3 探査車キュリオシティ（撮影した画像数十枚の合成画像。）

（出典：NASA/JPL-Caltech/MSSS）

（2）火星の姿

火星は，地球と同様に約46億年前に誕生した。太陽からの距離も地球と同程度（太陽と地球の距離の約1.5倍）であることから，火星の形成過程や原材料物質は地球と類似していたと考えられる。

図7-4　マリネレス峡谷の一部
標高モデルとマーズ・オデッセイのTHEMIS画像を基に3次元空間に再現した画像
（出典：NASA/JPL/Arizona State University, R.Luk）

また，硬い岩石でできた地表面の下に別の種類の岩石でできたマントル層があり，これがその内部にある主に金属鉄で形成された中心核を覆っている点も地球と同様である。さらに地表には火山や峡谷があり（図7-4），北極と南極には氷があること，地表が大気に覆われていること，四季があること，地表面が化学的に極めて不均質であることもまた，地球に類似している（たとえば火星の北部平原は全体的に鉄が多く，南部高地は鉄が少ない。またタルシス周辺には塩素が多くトリウムやカリウムは北部の火山地帯に多い。鉱物組成の分布も場所によって大きく異なっている）。

一方で，火星と地球では異なる点も多い。地球の表面は，その大半が地球の歴史の中ではかなり最近（2億年以内）になって作られたのに対し，火星では地表の半分ほどは極めて古い時代（約38億年前まで）に形成された。なおこの38億年前までというのは，火星が誕生してから約7-8億年後までに相当する。その頃の太陽系は，巨大惑星の軌道が変化するなどの影響で無数の小天体（小惑星や彗星）が太陽系内に散らば

り，これが火星も含めさまざまな天体に衝突を繰り返していたらしい。地球においては，その後の地質活動によってこの時代の痕跡がかき消されてしまった。しかし火星においては，現在でも特に南半球に無数のクレーターが残り，直径数百kmという巨大なクレーターもいくつか存在する（図7-1）。つまり，この時代より後は火星には地球ほど大規模な地表面の活動がなかったことを意味している。

現在の火星表面の環境も，地球とそれほど似ているわけでは無い。たとえば火星の大気圧はおよそ700 Pa，つまり地球の150分の1程度であるし，大気のほとんど（95 %）は二酸化炭素が占め，水分量は極めて少ない（火星は0.03 %，地球は約2 %）。気温は平均で-50℃以下であり-140℃ほどに下がることもある。大気圧は水の三重点（固相・液相・気相が共存する温度圧力条件）よりも低いため，液体の水は存在しえない（もっとも短時間なら可能であるし，たとえば濃い塩水のように純粋な水でなければ，液体で存在できる可能性はある）。つまり簡単に言えば，現在の火星は極度に乾燥し凍結した，不毛な世界なのだ。

しかし不思議なことに，火星から来た隕石の研究や惑星形成時の組成の分布に関する理論的研究などから，火星は地球よりも揮発性成分に富み，体積あたりの相対的な水の量は地球よりも多かったはずだと推定されている。液体の水は，地球では生命の活動に不可欠である。その水に関連して，火星は極めてユニークな進化を遂げてきたようだ。以下では火星上の水に焦点を当てながら，火星の歴史について簡単にまとめてみることにする。

2. 火星の進化と生命

(1) かつて火星には水が流れていた

　火星周回機は，火星全球の地表面を高解像度で撮像するだけでなく，赤外レーザーを照射することで表面高度も精密に測定している。こうした観測によって，とくに35億年より前に形成されたと推定されている場所に，流体が流れることによって作られた地形が無数に存在していることが明らかになった。たとえばバレーネットワークと呼ばれる地形（図7-5）は良い例である。まるで地球の河川系のように発達した谷地形は，降雨による水の供給がある程度長い時間あったからこそ形成されたと考えられる。さらにアウトフローチャネルと呼ばれる洪水流によるとされる地形（図7-5）も数多く見つかった。

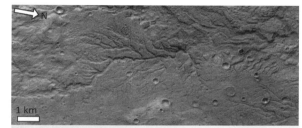

図7-5　テンピ大陸のバレーネットワークとカセイ・バレス（Kasei Valles）のアウトフローチャネルの3次元空間上での再現（鉛直方向へ2倍強調）
（出典：（上）NASA/JPL/University of Arizona，（下）NASA/JPL/Arizona State University, R.Luk）

　液体の水は現在の火星環境で存在しえないのだから，こうした地形は水以外の物質によって形成されたとする説もあった。しかし探査車によ

る地上観測が、液体の水がかつて存在していたことを確実なものとした。水の関与が推察されていた堆積物の中から、地球では水中で作られるある種の塩や粘土を発見したのだ。たとえば火星探査車オポチュニティは、メリディアニ平原と呼ばれる着陸地点で、水和された硫酸塩鉱物であるジャロサイトを発見している。さらにこの場所では、直径数cm以下の球状のヘマタイト（赤鉄鉱）が見つかっており、これらが岩の中のさまざまな場所で見つかったことから（図7-6）、これらが岩石内の空隙に閉じ込められた液体から凝結したことがわかった。しかもこの付近には、水中で土砂が堆積して形成される層状構造を持つ地層が見つかった。つまりこの地域は、長期間酸性の水（湖や温泉）にさらされていたことになり、火星がかつて湿潤な環境を持っていたことを示している。このような含水硫酸塩を含む地層は、メリディアニ平原以外にも火星上のさまざまな場所でみつかっており、少なくとも火星の中緯度帯において、ある時期酸性の表層水が存在していたことは確実と考えられている。

図7-6　オポチュニティが撮像した、ヘマタイトに富む球状物質とその周囲の画像

（出典：NASA/JPL/Cornell/USGS）

さらに周回機の情報から、クレーターに河川が流れ込んだ痕跡のような地形も数多く見つかった。その内部に扇状地のような堆積物がみられ

る場所があるが（図7-7），これはクレーターのくぼみに水がたまって大きな湖になったところに，河川から運ばれた土砂が堆積して作られたものと解釈されている（こうした堆積物は，恐らく長い間地中に隠されていたものが，風による浸食作用によって地表面に現れたものであろう）。こうした堆積物には，湖水中で沈殿した堆積物に特徴的な，美しい層状構造を持つものがあるが，これが水で作られたのか，火山活動や風による粒子の運搬によって作られたのかは，議論がわかれていた。探査車キュリオシティが，約36億年前に作られたと考えられているゲールクレーターの内部に着陸し（図7-7），その扇状地のような堆積物の上に地球の扇状地にもみられるような角の丸い玉砂利が存在する（図7-8）ことを明らかにしたことは，この場所に長期間にわたり一定量の流水が生じていたことを示しており，流水による地形形成が確実視されるようになった。

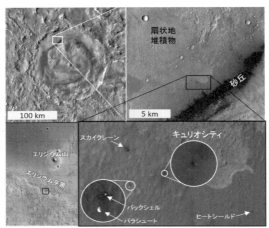

図7-7 ゲールクレーター全体のマーズ・オデッセイTHEMIS画像（左上）とキュリオシティの着陸地点周辺のマーズ・リコネサンス・オービターの高解像度画像
着陸から約24時間経過したときのキュリオシティと，降下中に放出したモジュールの各部品とその衝突痕が確認できる。（右上：CTX画像，右下：HiRISE画像）
（出典：NASA/JPL/University of Arizona）

図7-8 キュリオシティが2012年9月2日にマストカメラで撮像した露頭の画像
大きさが数cm未満の角が取れた岩石が散らばっている。右上のパノラマ写真から，撮像領域（白色の長方形）とその周辺の様子がわかる。
（出典：NASA/JPL-Caltech/MSSS）

さて、これほど大量の水がさまざまな場所に存在していたのであれば、海を形成していたのではないだろうか？ マーズ・グローバル・サーベイヤに搭載されたレーザー高度計の計測（図7-9）によると、火星の北半球は凹凸がとても少ないことから、これはかつて存在した海の海底であったからだと解釈されている。実際、海の海岸線と解釈できるような地形も北部平原の周辺に見つかっているし、さらに電磁波による地下の構造探査によると、海があったと考えられる場所の地下に氷を含む地層が存在することがわかってきた。周囲の地形的特徴から、海の水深は600 m程度であったとされる。こうした海は、38億年以上前に形成されたと考えられているが、その後30億年前までの間に、断続的に何回か形成されたようだ。

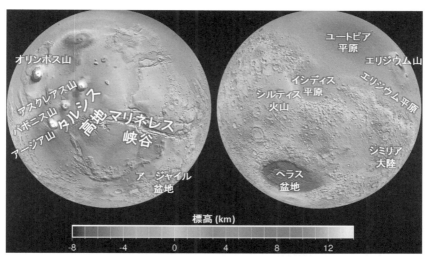

図7-9　マーズ・グローバル・サーベイヤがレーザー高度計MOLAで取得した2億点以上の高度データに基づく、正射図法による全球標高図（左側が西半球、右側が東半球を表す）　　　　　　　　　　　　（出典：NASA/JPL-Caltech）

（2）火星の活動度の変化

　上で述べたように，火星には水が存在していただけでなく，河川が谷を侵食し，その下流に湖が形成されたようだ。そして海すら誕生していた可能性がある。これが本当だとすると，火星の表面で水が恒常的に液体として存在していたことになるが，これは現在の大気の温度・圧力条件下では難しい。そのためかつての火星は，今よりも大気が濃く温度が高かったのかもしれない。その1つの原因として考えられているのが，火山から放出される火山ガスである。

　火星にある火山は，地球よりも規模が大きなものが多く，とくにタルシス高地とエリジウム地域には大きく発達した火山地形を見ることができる（図7-1，図7-9）。タルシス高地で特に際立つオリンポス山は太陽系最大の火山であり，その直径は550 km以上，周囲からの高さは約27 kmにも達する。火星における火山活動は，とくに38億年ほど前まで極めて活発であったと考えられているが，次第に火星が冷えていくにつれて不活発になったのであろう。しかしタルシス高地は少なくとも15億年前くらいまでは活動を行っており，エリジウム地域の火山帯の一部はごく最近まで活動していたと考えられている。こうした火山が過去に放出した火山ガスの総量は極めて大量であったはずだから，火星を温暖湿潤な環境に維持していたのかもしれない。

　タルシス高地が形成されたころには，地殻の拡大によってマリネレス峡谷と呼ばれている巨大な峡谷が形成されたと考えられている（図7-4）。この峡谷の深さは周辺の地表面との標高差で7 kmにも達しており，幾重にも連なる複雑な陥没地形を伴っている。この地形の東側には，およそ3 km程度の深さを持つ凹凸の激しいカオス地形と呼ばれる陥没地形がある（図7-9）。この成因は良くわかっていないが，凍結した川や地下水が関連していると考えられている。興味深いことに，この

地域に端を発するようにして，洪水の痕跡のような地形（アウトフローチャネルと呼ばれている）をみることができる。この地形を作りだした水は，恐らく地殻の割れ目から上昇したマグマによって地下の凍土が溶けることで作られたもので，その後激しく突発的な洪水として流れ下ったのであろう。この洪水で作られた地形に着陸したマーズ・パスファインダーは，地球で見られる洪水堆積物と類似した地形を発見している。この地形を作った洪水はその後北部平原に流れ込み，一時的に海を作っていたのではないかとする意見もある。

このように火星表面に水が豊富に存在したのであれば，地下水も大量に存在していたに違いなく，地表の岩石とさまざまな相互作用を生じていたはずである。実際，液体の水の存在下で岩石の影響を受けながら形成される粘土鉱物や炭酸塩，硫酸塩鉱物が広範に見つかっており，この考え方を強く支持している。さらに，中性－塩基性の溶液中で安定的に形成される炭酸塩が古い年代を示す地域で見つかっており，それよりも少し若い年代の場所で酸性の水から蒸発物として形成される硫酸塩が見つかっていることから，火星環境は表層の水の量が減少するに従い，次第に酸性化していったと考えられている。

かつて火星に大量にあった水は，現在も地下に大量に蓄えられているようだ。ガンマ線スペクトルメータの観測で，少なくとも地下1メートル程度には氷が広く存在することが明らかにされている。特に緯度60度より高緯度であれば，地下に大量の氷が存在することがわかったが，これはフェニックス着陸機が地面を掘削することで直接的にも確認されている。また過去に存在していた水の一部は，宇宙空間に大気と共に散逸していったらしい。現在の火星には固有磁場は無いが，古い火星地殻には磁気異常が見つかっていることから，かつて火星には溶融した核が存在し固有磁場が作られていたことがわかる。その後火星が冷えるに

従って核の状態が変わってこの磁場が消滅したことで，放射線が火星に降り注ぎ，大気の散逸を許すこととなり，次第に気候を維持することが難しくなったのかもしれない。

　さて，火星内部が次第に冷えていくにつれ，約30億年前から火星内部からの活動度が顕著に下がっていった。その後の約15億年前から現在まで，火星を形作る要因として大きな役割を果たしたのは，恐らく長期間にわたる風による力である。

　火星の大気はとても薄いため，昼夜で100℃以上の温度勾配を生じ強い風をもたらす。また，季節によって南極または北極にあるドライアイスや氷でできている極冠が昇華し，大気圧が25％も変化することが知られているが，これが強い砂嵐を引き起こす要因になっているのだ。風による作用としては，砂の巻き上げによる地表面の摩耗という効果も大きいのだが，それだけではなく大気や水の量が少ない火星においても，強い風は水の循環にも役立っているはずで，これが地表の風化に一定の役割を果たしていると考えられる（図7-10）。

図7-10　キュリオシティが2015年12月18日にマストカメラで撮影した，高さ約5mの砂丘
　マーズ・リコネサンス・オービターによる観測から，1年間に約1cmの速さで移動することがわかっている。

（出典：NASA/JPL-Caltech/MSSS）

また現在の火星では，冬になると北極や南極には大気中の二酸化炭素が凝結し，二酸化炭素の氷の堆積物が発達する。これらは春になると大気へと戻るが，この堆積物の下に季節変動することなく存在し続ける氷床があることが知られている。氷床は1-2 km程度の厚さを持ち，ほとんど純粋な水の氷であると考えられている。氷床とその表面の堆積物を総称して極冠と呼ぶが，北極冠は直径1000 km程度，南極冠は350 km程度も広がっており，層状の構造（図7-11）を持つことが知られている。

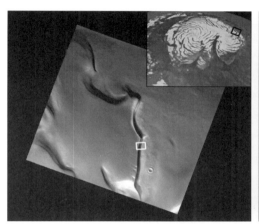

図7-11　火星の北極冠全体とその周縁部（バイキング探査機画像560B60）の画像（左），さらにその一部（白色の長方形）を拡大した，層状堆積物の高解像度画像（右）

（出典：NASA/JPL-Caltech/MSSS）

　極冠には色がついており，これはたとえば氷が大気から集まってくるときに，実際には塵も集めており，そのような「汚れた」氷が堆積した後で氷が蒸発した際に取り残されるため，色が付いていると考えられ

る。それゆえその色の濃淡によって層状構造が見られることは，気候変動の痕跡を記録しているのではないかと考えられている。火星は月のように大きな衛星を持たなかったため，自転軸の傾斜が変化することがあり，それが原因で気候変動が生じたという可能性も指摘されている。過去に大きな気候変動が繰り返し生じていた可能性もあるが，傾斜角が増えると極域の氷が放出され，これが地表面に残ることで氷河（図7-12）が形成されたのかもしれない。

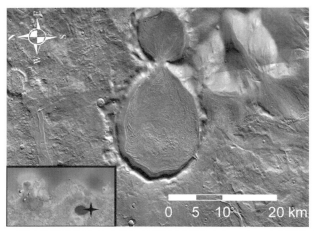

図7-12　ヘラス盆地の東方の山地に位置する衝突クレーターを撮像したマーズ・リコネサンス・オービターのCTX画像
　地球上の（岩石）氷河に類似した流れ状の地形が2つのクレーターをまたいで広がっている。

（出典：NASA/JPL/Malin Space Science Systems）

（3）火星で生命は見つかるのか？

　上に述べたことを，ごく単純化して言うならば，火星は現在の表面環境という意味では地球とそれほど似ていないかもしれないが，かつて（たとえば35億年以上前までは）火星は地球とよく似ていたということになる。ここで興味深い点は，地球では35億年以上前にはすでに生命体が存在していたことだ。これがどのような過程で生じたかはわからないが，海の存在や隕石等によって運ばれた有機物，熱水活動，地球磁場の存在などが鍵であったとする説が有力である。その意味でいうと，いまから35-40億年前の火星においても，生命が誕生していても不思議ではないと言えないだろうか？

　実際，火星から来たALH84001と呼ばれる隕石の中に，微生物の痕跡が存在していると主張する報告もある。さらに言うならば，地球と比べると火星の方が生命の誕生に有利であったのかもしれない。たとえば地球は45億年前に生じた大規模な衝突によって月を分離したが，その際に一時的に大気を失っていたかもしれない。一方火星では，このような激しい衝突が生じておらず，大気や水のような揮発成分を保持するには地球よりも有利だったかもしれないからだ。宇宙からくる放射線を遮断し大気保持にも貢献する磁場も，地球よりも火星の方が強かった可能性も指摘されている。そのため，火星で先に生命体が発生し，火星から飛び出した岩石が隕石として地球に飛来し，火星生命によって地球を汚染したのが地球生命の始まりであるという仮説すら提案されている。

　生命が火星で発生していたとして，その痕跡を火星で探し出すことは可能だろうか？　現時点での有望なヒントとして，ここでは3つの研究成果を紹介しよう。

　まず地球において，極端な温度環境や厳しい化学環境下でも生存する極限環境生物の存在が，近年知られるようになった。その研究による

と，生命を維持するための最低限の条件とは，たとえば代謝に必要なエネルギーがあることや，ごく微量の液体の水があることなどで，これらは現在の火星においても達成されているように見える。火星表面で探査を続ける探査ローバーが，複雑な有機物が火星の地表面にも存在することを発見したことも付け加えておこう。

次に火星大気の成分にメタンが含まれていることを，複数の研究グループが報告していることだ。火星大気中にメタンが放出されても，比較的短い間に分解されてしまうことが知られている。それにもかかわらずメタンが存在するということは，継続して放出している発生源があることを示唆している。この発生源として有力な場所の1つに，シルティス火山の周辺がある。この地域には熱水活動の結果と考えられるケイ素に富んだ堆積物も存在しており，水の痕跡とも呼べる地形がいくつも見つかっている。地球では地下深くにある地下水に微生物が生息していることもあり，生物活動とメタンとは密接な関係がある。火星でも同様なのか，あるいは生命と関係なく，熱水活動の一環として無機的にメタンが作られているのか，今後の研究の進展に期待したい。

もう1つは，現在も水が流れている，または染み出している場所が存在するという報告があったことだ。こうした場所を高解像度画像によって繰り返し観察したところ，次第に地表にみられる染みの長さが長くなっていることが確認されているからだ（図7-13）。興味深いことに，この場所が38億年以上前の年代を示す場所で，しかも塩化物の堆積物が付近で見つかっているのだ。そのため楽天的な意見の中には，かつて海を作った塩水が最後に蒸発して残った塩の中に，古代からの水が残っているとするものもある。

このように考えると，火星の特に地下において微生物が生存していても不思議ではないという意見もある。しかし現時点では火星生命を示唆

する強い証拠は無く，生命の存在を仮定しなくても，無機的な過程でも観測結果を全て矛盾なく説明できる。そのため慎重な議論が現在進められている。

　生命が発生していたかどうかに関わらず，その原因を知ることは地球の位置づけを知ることとなる。火星は私たち地球生命誕生の秘密の鍵を握る，最も興味深い地球外天体である。今後の探査の進展に期待しよう。

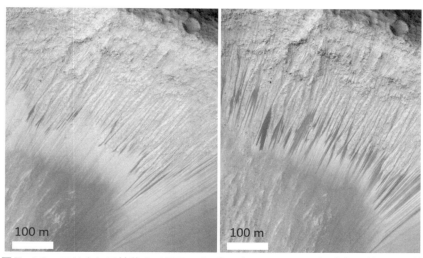

図7-13　マリネレス峡谷のメラス・カズマ（Melas Chasma）東部に位置する衝突クレーターの斜面のHiRISE画像の比較。
　画像取得日はそれぞれ（左）2013年2月18日，（右）2013年3月12日
（出典：NASA/JPL/University of Arizona）

参考文献

後藤和久・小松吾郎『Google Earthで行く火星旅行』岩波書店，2012
スティーブスクワイヤーズ『ローバー、火星を駆ける』早川書房，2007
丸山茂徳他『火星の生命と大地46億年』講談社，2008
宮本英昭他編『惑星地質学』東京大学出版会，2008

8 | 巨大ガス惑星の世界
太陽系を太陽系たらしめた惑星たち

渡部 潤一

《目標&ポイント》 太陽系の8つの惑星のうち，外側の4つの惑星は巨大である。太陽を除いた太陽系の質量の99.97％は8つの惑星で占められるが，内側の4つの「岩石惑星」（地球型惑星）はわずか0.44％であるのに対し，外側の4つは99.53％である。大きさも岩石惑星より大きいために，この4つを「巨大惑星」と呼ぶ。このうち，木星と土星は水素とヘリウムを主成分とすることから「巨大ガス惑星」，外側の天王星と海王星は内部に氷の成分が大きいため，「巨大氷惑星」と分類される。後者については第9章で解説する。本章では2つの巨大ガス惑星の基本，太陽系形成において果たした役割，そして惑星としての特徴などを考察する。

《キーワード》 木星，土星，凍結線，大赤斑，大白斑

1. 木星と土星の基本

　太陽から近い順に水星，金星，地球，火星の4つの惑星は主に岩石が主成分であるため，「岩石惑星」と呼ばれる。それに対して太陽から5番目の木星と6番目の土星は主に水素とヘリウムからできており，しかも木星は，太陽以外の全質量の71％，土星は21％を占めており，「巨大ガス惑星」と呼ばれている。特に木星と土星は水素が多く，太陽の成分と似ており，木星がもし現在の80倍から100倍以上の質量があれば，内部で核融合反応が起こり，光り輝くもう一つの太陽になっていたはずである。実際，単独の恒星よりも連星の方が多いとも言われている。木星と土星には「環」と多数の衛星があるが，これらについては「第10

章 惑星の衛星と環」で取り扱う。

（1）木星の基本

　太陽から数えると5番目，四つの地球型惑星を除けば最も内側を巡る，太陽系最大の惑星である。その直径は地球の約11倍，赤道半径は約7万1千キロメートル，重さは太陽のほぼ1000分の1，地球の317倍もある。太陽から5.2天文単位，平均約7億8千万キロメートルの場所をほぼ円軌道でまわっている。太陽・地球間の約5倍も離れているのだが，その大きさのため，太陽の光を多く反射することから，夜空でも明るくどっしりと輝く。そのため，ギリシャ神話の最高神ユピテル（ジュピター）と命名されている。

　木星の公転周期は約12年である。したがって，地球から見た木星の位置は，黄道上を1年に約30°ずつ東へ進む。黄道上には古くは12の星座があり，「黄道十二宮」と呼ばれていて，ほぼ30°毎に並んでいるので，木星はこれらの星座をほぼ1年毎に巡ることになる。古代中国でも，黄道を同じく十二に分け，「十二次」と呼んでおり，木星が一つずつ動くため，「歳を表す」と言う意味で「歳星」と呼ばれていた。

（2）土星の基本

　木星の外側を巡る太陽系の第6惑星が土星である。その本体の直径は地球の約9.4倍，赤道半径は約6万キロメートル，重さは太陽の0.03%，地球の95倍である。太陽から9.5天文単位，平均約14億3千万キロメートルの場所をほぼ円軌道でまわっている。約29.5年で太陽を一周する，肉眼で見える最も遠い惑星である。ただ，木星に次ぐ大きさを持ち，太陽系では2番目に大きな巨大ガス惑星なので，太陽の光を多く反射し，夜空でも一等星を超える明るさで輝く。

土星の大きな特徴は，壮大な環をもっていることである。巨大惑星はすべてに環があるが，土星の環は小さな天体望遠鏡でも容易に観察が出来るほど大規模なものである。

（3）巨大ガス惑星の内部構造

木星と土星は，地球型惑星に比べて大きく，またどちらもガスが主成分であること，また自転周期が極めて早い（木星が9時間55分，土星が10時間39分）ために，赤道方向に遠心力が効き，大きく膨らんで，扁平な形状になっている。その扁平率は木星が0.06，土星は0.1であり，天体望遠鏡で観察しても"つぶれて"いるのがわかる（ちなみに地球型惑星の扁平率は0.01以下である）。平均密度は，岩石惑星である地球は$5.5\ \mathrm{g\ cm^{-3}}$であるのに対し，木星は$1.3\ \mathrm{g\ cm^{-3}}$，土星は$0.7\ \mathrm{g\ cm^{-3}}$ほどである。土星は水の密度（$1\ \mathrm{g\ cm^{-3}}$）より小さい。しばしば，「土星がすっぽりと入るほど巨大なプールに水を張って，土星を入れると浮かぶ」と表現されることもあるが，これは物理学的には誤りである。土星が入るほど巨大な空間に水を集めてしまうと，それ自身が重力で惑星にように丸くなってしまい，プールにはならないからである。

木星と土星の内部構造は比較的，似ている。惑星の中心には鉄・ニッケルと岩石（ケイ素と酸素）からなる中心核（コア）が存在している（図8-1）。コアは木

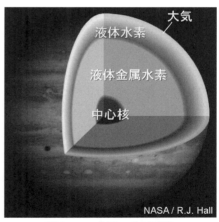

図8-1　木星の内部構造
土星もほぼ同様と考えられる。
（出典：NASA/R.J.Hall）

星質量の約10 %前後，土星質量の約10 % - 20 %に相当すると考えられている。10 %程度とは言っても，地球の何倍もの質量を持つ巨大な領域である。そのコアの周りには液体金属水素を主成分とする厚い層がある。これは強い重力によって圧縮された「超臨界状態の液体水素」という特殊な状態を担っている領域である。さらに外側には通常の液体水素の層がある。この液体金属水素と液体水素の層をあわせると，惑星の半径の約80 %を占めている。もちろん，成分としては超臨界状態にある液体ヘリウムなども含まれている。

表面は，内部に比べて圧力も低く，どちらの惑星にもガスの状態の層，すなわち大気層が存在する。木星の大気層は質量比で水素（H_2）が75 %，ヘリウムが24 %，それに微量成分としてメタン，水，アンモニアなどが含まれている。土星の大気は90 %以上が水素で，木星に比べるとヘリウムが少なくなっている。

（4）巨大ガス惑星の大気

惑星の構造で，宇宙空間に接している面が大気層となる。惑星の中心部から離れているため，圧力も低くなり，宇宙空間へと連続的に大気は薄くなっている。大気層は木星の場合は5000 km以上，土星でも1000 km以上の厚さがあるとされている。ただ，その下の層である液体金属水素の面を惑星の「表面」と言うことはない。地球のような岩石惑星の場合，固体層が存在するために「表面」という定義は容易であるが，巨大惑星の場合は，大気の密度が連続的に変化しており，その大気中で様々な成分が結晶化して雲をつくっていることなどから，「表面」の定義が難しい。したがって，大気圧が1気圧（約1000ヘクトパスカル）のところを"表面"と定義することとしている。特に木星を天体望遠鏡で眺めた時に，雲の模様が見えるが，この"表面"は，ちょうどそ

の雲頂部付近に相当する。

巨大ガス惑星を特徴付けるのが表面付近の大気に存在する雲である。天体望遠鏡で眺めたときに木星には緯度に沿って東西に伸びる縞模様が見えるが，これらはアンモニアの氷微粒子である。このアンモニアだけでなく，硫化物（硫化アンモニウム，硫化水素アンモニウム）や，リンなどの微量成分の混合具合によって色が微妙に変化していると考えられている。

特に木星の表面には縞模様が顕著である。早い自転によって生まれる東西方向の風による模様で，茶褐色で暗く見える部分を「縞（ベルト）」，明るい部分を「帯（ゾーン）」と呼ぶ。大気の上昇と下降という鉛直方向の運動が関与しており，そのせいでアンモニアの氷粒子のサイズの違いや，微量成分の差を生み出し，微妙な色の違いに反映されているとされている。木星の場合は，その大気の上昇と下降がどの緯度で起きるかが決まっていて，それぞれが帯（ゾーン）と縞（ベルト）に対応している。時に暗い縞模様は，時々突然に淡くなったり，その淡い部分に暗い柱状の模様が現れ，東西流の流れにのって急速に縞全体に広がって，元に戻る「撹乱」と呼ばれる現象も起こる。また，南半球の中緯度帯には，周囲よりもやや赤みを帯びた「大赤斑」が存在している（図8-2）。木星のシンボルといえる巨大な渦巻模様で，東西2万6千キロメートル，南北1万4千キロメートルもあり，周期約6日で回転する巨大な大気の渦

図8-2　木星の表面の縞模様と大赤斑
地球と大きさを比較できる。
（出典：NASA/JPL/Space Science Institute）

である。まわりよりやや高温で, 帯と同様にやや盛り上がった上昇流, つまり高気圧性の渦である。上昇流では通常は白くなるが, この大赤斑だけが色が濃い理由はよくわかっていない。1664年にカッシーニによって発見されて後, 300年以上も見え続けている可能性が高い。ただ, 見えかたはそれほど一定しておらず, 最近でも色は淡くなったり濃くなったり, 大きさもやや小さくなったりと変化している。大赤斑の場合, まわりの大気の流れや小さな渦が飲み込まれたりしており, それらから回転のエネルギーをもらいつづけているようである。

図8-3 土星の北半球にできた"大白斑"
その成因も構造も詳細不明である。
（出典：NASA/JPL）

　土星にも薄いながらも同様な緯度に平行な縞模様が存在する。ただ, 土星には1990年に57年ぶりに巨大な白斑（大白斑）が出現し, しばらく見え続けていたことがあるが, 木星の大赤斑のように恒常的に存在する巨大な渦はない（図8-3）。こうした白斑は, 周囲に比べて炭化水素のアセチレンやリン化水素（ホスフィンPH_3）の量が異なっていることがわかりつつあるが, 成因や構造の詳細は十分にわかっていない。

　木星には, 大赤斑だけでなく, 小さな渦巻き模様が縞模様の中で, しょっちゅうできたり消えたりしている。土星の場合は, 木星ほど目立たないのだが, 同じような渦のような大気現象が存在している。

　大気現象が静かな土星, 激しい木星という対照的な側面が顕著なのは極である。土星の極地方には地球で言うところのジェット気流に相当する雲の流れが, 六角形をなしており, 極の渦を取り巻いている様子がわ

かる（図8-4）。地球の場合は大きく不規則に蛇行してしまうが，土星の場合は強い流れが微妙なバランスで経度方向に流れているため，蛇行しようとする北緯78°付近の流れが六角形で安定しているものと考えられる。一方，木星の極には，そうした規則的な模様は無く，大小様々な渦が乱雑に分布している（図8-5）。

図8-4　土星の北極にある"六角形"
　木星とは対照的に規則的な模様
（出典：NASA）

図8-5　木星の南極の大気の様子
　大小の渦が乱雑に存在している。
（出典：NASA）

（5）巨大ガス惑星の温度

　木星や土星は太陽から遠いために，地球よりその表面温度は低い。巨大ガス惑星の表面（大気圧が1気圧）での温度は，木星で−108℃，土星では−139℃である。大気の上層はさらに低温となっていくが，内部に行くほど高温である。中心核（コア）の温度は木星が約3万度，土星で約1万度に達すると考えられている。内側ほど高温になるのは放射性壊変元素によるものだけでなく，いまでも木星や土星が縮んでいるため

の位置エネルギーの解放によるものである。理論的推定では，木星は現在でも毎年2cmほど凝縮することで，太陽から受ける熱とほぼ同量の熱を内部で発生させている。土星でも太陽から受ける熱の1.5倍ほどを内部で発生させている。ただ，土星ではそれだけでなく，成分分離による摩擦熱が寄与している。もともと巨大惑星は軽いので水素やヘリウムがたくさんあるのだが，土星の大気の上層部を調べてみると，木星などに比べてもヘリウムは多くない。これは水素に比較して，ヘリウムが重いために，次第に土星内部へ落下しているせいである。いわば成分が分離するドレッシングのようなものである。このヘリウムの落下は単純ではない。液体分子状態の水素中で落下していくヘリウムは，土星の場合には金属水素中へそのまま融け込むことができない。そこで，ヘリウムはまとまって液滴となり，直径がある程度の大きさになると，はじめて金属水素の中をさらに中心へ向かって落下していくことになる。いわば，「ヘリウムの雨」である。油に水を混ぜて放っておくと，水が粒状の塊になってゆっくりと沈下していくのは見たことがあるだろう。そういうことが連続的におきていれば，その分の位置エネルギーが熱になると共に，摩擦熱が発生していてもおかしくないのである。

（6）巨大ガス惑星の磁気圏とオーロラ

一般に惑星や天体は，その内部の一部が液体や流体の状態だと，それらが流動することで磁場が発生する。地球の場合も中心核（コア）の外核が溶融した鉄・ニッケルの液体核であり，これが流動することによって地球磁場（地磁気）が発生している。巨大惑星の場合も導電性の液体金属水素が流動することで非常に強い磁場が発生し，惑星のまわりに広大な磁気圏を生成している。磁場の強さを示す「磁気モーメント」は，木星は地球の2万倍，土星は地球の580倍もある。木星の磁場は太陽系

では最大であり，その磁気圏は木星半径の約50-100倍，土星の場合は土星半径の15-30倍まで広がっている（ちなみに地球の磁気圏は地球半径の約10倍である）。

　磁気圏をもつために，地球と同様に巨大ガス惑星でも両極（磁極）の周囲でオーロラが発生する。太陽起源のプラズマ粒子が磁気圏尾部（太陽と反対側に延びた部分）などから流入し，磁力線に沿って両極に流れ込み，惑星の大気分子と衝突して発光している。ただ，木星や土星のオーロラは，それ以外に巨大な磁気圏内部からの供給源も大きな寄与をしている。木星の場合は，木星の四大衛星（ガリレオ衛星）が磁気圏内を公転しており，特に最も内側のイオの活火山から毎秒1トンにも上る噴出物質が木星磁気圏に供給されている。それらはプラズマ粒子となって，その一部が磁力線に沿って木星の北極と南極（磁北極と磁南極）に流入し，大気分子と衝突し，オーロラを発生させている。実際，木星のオーロラをよく観察すると，ガリレオ衛星から直接プラズマ粒子が流れこんでいる点状のオーロラが存在している。

　このような状況は土星も同じである。特に，巨大な大気を持つ土星の衛星タイタンは，土星磁気圏の境界付近にあり，その大気から土星磁気圏にプラズマ粒子が供給されている。さらに，内側を公転する衛星エンケラドゥスからは，間欠泉のような噴出が確認されており（詳しくは第14章を参照），土星磁気圏にプラズマ粒子を供給している。こうした粒子が磁力線に沿って土星の極に流入し，オーロラを発生させている。

　巨大ガス惑星は，強力な電波源でもある。強い磁気圏の中で，行き来する電子が電波を発する。とりわけ木星の場合は，イオから放出されるガスが，磁力線を横切るために，巨大な電流が発生する。強度もイオの公転と同期するが，いずれにしろその発電量は10億キロワットにも上る。土星は，その100分の1程度であるが，両者とも，巨大な電波送信

所といってもよい。

2. 太陽系形成時における巨大ガス惑星の役割

　巨大ガス惑星である木星と土星は，太陽系において両巨頭である。夜空でも明るく，古くから知られていたが，太陽系形成時にも大きな役割を果たしていたことがわかってきつつある。木星の内側には，惑星になれなかった残骸とされる小惑星帯があり，その内側には地球を含む岩石惑星が存在する。また，外側には巨大氷惑星である天王星と海王星が存在する。木星と土星が，こうした太陽系の姿が生まれるときに，どのような役割を果たしたのか。その最新のシナリオを紹介し，両惑星の意義について考察してみよう。

（1）木星の誕生

　惑星成長は，恒星からある程度，離れたところで効率が最大となり，早く成長するとされている。太陽系の惑星は，原始惑星系円盤から誕生したと考えられており，その原始惑星系円盤の太陽に近い領域は，温度が高く，円盤のかなりの成分を占める水が水蒸気ガスとなって散逸してしまっている。固体として存在するのは砂粒のような岩石成分や鉄などの金属だけである。一方，円盤でも太陽から遠い部分では，温度が低く，水は固体の氷として振る舞う。この水が氷となるか，水蒸気になるかのぎりぎりの場所を「凍結線」（スノーライン，フロストライン）と呼んでいる。現在の太陽系での凍結線は太陽からの距離が約5天文単位のところで，おおむね木星の公転軌道にある。ただ，かつての原始太陽系円盤においては，まだ物質密度が高くて，太陽光がなかなか遠方まで届きにくかったことに加え，太陽は誕生直後で今よりも暗かったことに

よって，凍結線はもっと太陽に近い，約2.7天文単位付近にあったと考えられている。これは現在の「小惑星帯」に相当する領域である。実際に小惑星にはケレスをはじめとして，水を含む天体が見つかっている。

　いずれにせよ，凍結線の外側では，水が氷，つまり固体として振る舞うことで，惑星の材料が凍結線の内側よりもたくさん存在していたことになる。一方，凍結線のずっと外側になると，逆に惑星成長の効率は悪くなる。外側ほど公転スピードが小さくなり，衝突合体する頻度が下がってしまうために，成長に時間がかかってしまうのである。そのため，凍結線のすぐ外側での惑星成長がもっとも効率が良いと言うことになる。おそらく太陽系最大の惑星，木星は当時の凍結線のすぐ外側で生まれたのであろう。

（2）木星の内側への移動

　ところで，太陽系以外の惑星系を見てみると，木星のような巨大な惑星が恒星のごく近くを周回している例が多数，見つかっている。こうした惑星は温度が高いため，ホット・ジュピターと呼ばれている。巨大惑星が，これだけ恒星の近くで成長し，形成されるとは考えにくい。こうした惑星系では，木星のような巨大惑星が凍結線の外側で誕生・成長し，比較的初期に恒星に近づくように移動していったと考えられている。まだ惑星系を生み出す物質がたくさん充満している環境だと，惑星はそれらのガスとの摩擦を受けるとスピードが落ちて，次第に内側へと移動していくのは自明である。

　おそらく太陽系でも木星は誕生直後に同じように内側へと移動したと考えられている。その証拠のひとつは小惑星帯である。おそらく急速に成長し，強力な重力を持った木星が移動してきたために，小惑星帯では十分に惑星が成長出来なかったと考えられる。この移動のもう一つの証

拠とされるのが火星の大きさである。太陽系の内側に並ぶ「水・金・地・火」という4つの地球型惑星では，太陽から遠くになるにつれ，水星，金星，地球と，次第に大きな惑星になっている。これは，太陽の誕生直後の原始太陽系円盤を考えると自然に理解できる。太陽の周りを回りながら塵などが衝突・合体を繰り返して成長するので，公転する軌道は外側ほど大きく，公転周期もそれほど差が無いので，それだけ惑星の材料である塵を掃き集める領域も広くなるため，外側ほど成長するのである。ところが，実際には火星は小さく，質量で言えば，地球の10分の1ほどしかない。静かな原始太陽系円盤の中で，そのあたりの微惑星を集めて育っていったとすれば，もっと大きくなってもよいはずである。このあたりで原始太陽系円盤の密度の分布が不連続になっている理由はない。そこで，火星領域では，すでに惑星として成長する時代に，その付近の材料物質が何らかの理由で減っていたのではないか，と考えられる。火星のすぐ外側の小惑星帯でも，全部集めても地球の0.03％程度である。その材料を奪ったのが，内側へ移動してきた木星と考えられる。木星は次第に成長しつつ，内側へ移動することで小惑星帯のあたりから火星軌道までの材料物質を吸い取ってしまったのである。と同時に，できかけていた小惑星帯をかき乱してしまったのだろう。

(3) 木星の外側への移動

　木星が内側へと移動し，大きな影響を与えたことは確かだが，どうしてもっと内側へとやってきて，ホットジュピターにならなかったのだろうか。一つの説だが，ここで土星の誕生が大きな役割を果たしたと考えられる。木星はいったん内側へ移動していった後，反転して外側への移動に舵を切ったというモデルである。この大きな方向転換の原因が土星である。
　土星は，もともと木星の外側に誕生した。そして土星も木星と同じよ

うに成長しつつ，原始太陽系円盤の中のガスや塵の抵抗を受けて内側へと移動していった。やがて土星が木星にある程度近づくと，お互いの重力の影響が無視できなくなる。木星ほどではないにしろ，急速に成長した土星の重力は木星の軌道を変えようとする。特に，お互いの公転周期が整数比になると，いわゆる共鳴という状態に入る。共鳴という状態はきわめて特殊である。ブランコを，一定の周期で押し続けると，力をあまり入れなくても，その振れ幅をどんどん大きくすることができる。これはブランコのひもの長さで決まる周期に合わせて力を入れることで，その影響が増幅されるからで，一種の共鳴といえるものだ。共鳴は思いがけなく大きな影響を及ぼす。天体の場合も，周期が整数比になっていると，共鳴状態となって，大きな影響が生じる。土星が木星とこのような状態になったために，二つの巨大惑星は，そろって内側への移動をやめてしまったというのである。それどころか，今度は逆に大きく方向転換し，太陽から遠ざかり始めたらしい。

　このシナリオが正しければ，土星が成長して巨大化し，木星が太陽にさらに近づくのを止めたということになる。木星がそのまま内側にやってきたら，その巨大な木星の重力によって，火星の材料どころか，地球付近の材料も吸い取られてしまったかもしれない。あるいは原始惑星レベルに成長していた地球の卵が木星に引っ張られ，その一部になってしまっていたか，あるいは木星の重力で放り出されてしまったかもしれない。巨大ガス惑星は，絶妙な距離に二つが絶妙なタイミングで生まれたからこそ，地球は存在できているのかもしれない。

3. 巨大ガス惑星への探査

　巨大ガス惑星である木星と土星は，火星に比べても遠方であることから，これまでに送り込まれた探査機の数はあまり多くない。ほとんどは接近して通過するフライバイであるが，木星周回探査機としては，1995年の「ガリレオ」，2016年に木星の極軌道に投入された「ジュノー」が，土星周回探査機としては2003年に周回軌道にのった「カッシーニ」がある。

（1）木星探査の歴史

　木星への探査は1973年のパイオニア10号のフライバイをはじめとして，2か月後に接近したパイオニア11号，1979年のボイジャー1号，2号の4機が先駆けとなった。特にボイジャーは，衛星イオの火山活動や，エウロパ表面の地質学的には新しい氷を発見するなどの成果を上げた。ユリシーズは，太陽の北極と南極を通過する軌道をとるために，木星に1992年に接近し，その重力を利用して軌道変更を行った探査機である。ユリシーズの軌道の形が，近日点が1天文単位，遠日点が5天文単位と扁平なのは，出発地である地球の公転軌道とフライバイした木星の公転軌道の距離に対応する。もちろん，接近時に木星の磁気圏などの観測を行っている。土星探査機カッシーニは2000年に木星にフライバイし，その重力を利用して土星に向かった。また，冥王星を探査したニュー・ホライズンズも2007年に木星を通過し，観測を行った。

　木星をフライバイした探査機は以上の7機だが，周回機としてはガリレオが最初の探査機で，1995年に木星に到達し，2003年まで観測を行い，木星の大気に小型の「木星大気圏突入機」（プローブ）を切り離し，木星大気圏に突入させての観測に成功するなど，様々な成果を上げた。

2016年に木星周回軌道に入った探査機がジュノーである（図8-6）。木星の内部構造や磁気圏を探りつつ，接近観測する目的で極軌道を周回させ，2018年2月まで37回の極軌道周回が予定されている。
　今後，ヨーロッパ宇宙機関（ESA）は木星氷衛星探査計画「JUICE」を，またアメリカ航空宇宙局（NASA）がエウロパ探査計画（旧称エウロパ・クリッパー）を進めている。どちらも衛星が主眼の探査計画となっている。

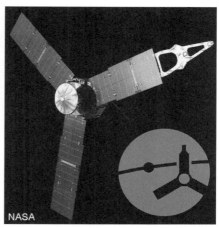

図8-6　木星探査機「ジュノー」と記章
木星探査機としては初めて太陽電池パネルを用いた。　　　　（出典：NASA）

（2）土星探査の歴史

　土星への最初の探査機は，1979年9月にフライバイしたパイオニア11号である。その後，1980年11月にはボイジャー1号がフライバイし，高い解像度で環や衛星タイタンなどを観測した。ボイジャー1号は，フライバイ後，黄道面を離れたため，2号のように天王星や海王星へのグランドツアーはできなかった。1981年8月には，ボイジャー2号が土星へフライバイし，土星の上層大気などのレーダー観測などを行うと同時に，そのまま土星の重力を利用して，天王星，海王星へ向かうことになった。
　土星と，その衛星の知見を大幅に増やしたのが，土星初の周回機であるカッシーニである（図8-7）。2004年7月に土星周回軌道に投入され，同年12月25日にはホイヘンス・プローブを衛星タイタンへ投入し，1

月に軟着陸させた。カッシーニ本体も、レーダー観測によりタイタンの極域に炭化水素の湖を発見している。また、衛星エンケラドゥスから間欠泉のように湧き出る水を発見し、内部に海があることがわかった。何度か運用期間を延長させたが、2017年9月15日に土星大気に衝突させ、終了した。今後の土星への探査計画は検討・提案段階で、確定したものはない。

図8-7 土星探査機「カッシーニ」
土星の衛星タイタンへの着陸機「ホイヘンス」を切り離したイメージ図。
（出典：NASA）

9 | 氷惑星の世界
太陽系の外縁にたたずむ惑星たち

渡部　潤一

《目標&ポイント》　太陽系の最外縁にある二つの惑星，天王星と海王星が存在する領域は，太陽から遠いために公転周期が長い。それぞれの周期は84年，165年と，実にゆっくりと太陽をまわっている。また，太陽から遠く，その光もごく弱いために，極めて寒い世界である。二つの惑星の表面温度は -200 ℃以下となり，多くの物質が凍りつくのだが，惑星の内部は大きな重力によって物質が密に押しつぶされ，高温の超臨界状態となっている。このような高温高圧下の超臨界状態にある水やアンモニア，メタンなどは慣例的に「氷」と呼ばれる。天王星と海王星の内部は，この「氷」がかなりの部分を占めるため，この二つの惑星は巨大氷惑星と呼ばれている。太陽系の外縁にたたずむ，これら巨大氷惑星の起源と，その特徴などを考察する。
《キーワード》　天王星，海王星，超臨界流体，横倒し，大暗斑

1. 天王星と海王星の基本

　巨大ガス惑星の木星と土星のさらに外側に位置するのが，天王星と海王星である。主に水素とヘリウムからできているのは，巨大ガス惑星と同じであるが，ヘリウムの割合が多いこと，後で述べるように内部構造が高温高圧下での超流動状態にある領域が多いこと，それに質量がそれぞれ地球の14.5倍と17倍もあることなどから，「巨大氷惑星」と呼ばれている。この二つの惑星は，太陽から遠く，暗いために天体望遠鏡が発明されてから惑星として発見されたものである。なお，天王星と海王星にも「環」と多数の衛星があるが，これらについては「第10章　惑星の

衛星と環」で取り扱う。

（１）天王星の基本

　太陽から数えると7番目，土星の外側を巡る，太陽系では3番目に大きな惑星である。その直径は地球の4倍，赤道直径は約5万1千キロメートル，重さは太陽の0.004 %，地球の14.5倍である。

　太陽から19.2天文単位，平均約28億7千万キロメートルの場所をほぼ円軌道でまわっている。天王星の公転周期は約84年である。太陽−地球間の約19倍も離れていることに加え，木星や土星ほど大きくないために，夜空でも肉眼ではほとんど見えない明るさである。そのため，人類がその存在に気づいたのは，天体望遠鏡が発明されてからのことである。イギリスの天文学者ウィリアム・ハーシェルによって，1781年に発見された。

　天王星の際だった特徴は，自転軸が軌道面に対して約98°（赤道面〈自転軸に垂直の面〉と公転軌道面との角度）も傾いていることである。つまり，ほぼ"横倒し"の状態で，約17時間で自転しながら，太陽を公転

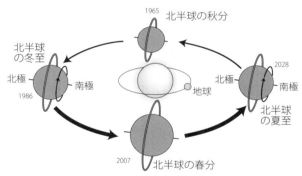

図9-1　天王星の自転軸の傾き
天王星は自転軸が"横倒し"になっていることに注意。
（出典：ⓒSiyavula Educationを改変）

していることになる（図9-1）。そのため，公転軌道のどこにあるかによって，太陽光の当たり方が極端に異なる。赤道部が太陽を向いている

ときには，ほとんどの場所で，自転周期である17時間ごとに太陽の光があたるのだが，南極や北極が太陽を向いている場所だと，南半球あるいは北半球だけが太陽光があたり続ける。その意味では，北極や南極では昼夜が公転周期の半分である約42年間も続く。どうして自転軸がこれほど傾いているのか，あまりよくわかっていない。惑星成長の最終段階で，大きな原始惑星が原始天王星に衝突したともいわれているが，主な衛星や環も傾いた天王星の赤道面に沿って公転しており，急激な自転軸の傾きに追随したとは思えず，なんらかのメカニズムでゆっくりと傾いていったという説も消えていない。折衷案として，地球サイズ原始惑星が2回続けて衝突したという説も提案されている。

（2）海王星の基本

　太陽から数えると8番目，天王星の外側，最外縁を巡る太陽系では4番目に大きな惑星である。その直径は地球の約3.9倍，赤道直径は約5万キロメートル，重さは太陽の0.005％，地球の17.2倍である。

　太陽から30.1天文単位，平均約45億2千万キロメートルの場所をほぼ円軌道でまわっている。海王星の公転周期は約165年である。太陽から遠く離れているために，約8等級と肉眼では全く見えない明るさである。天王星の軌道の研究から，天体力学を駆使した理論的研究によって，その存在が予測され，1846年に発見された。イギリスの天文学者ジョン・アダムズとフランスのユルバン・ルベリエ，それに実際に観測を行ったベルリン天文台の天文学者ヨハン・ガレの3名が発見者とされている。天王星と同様に巨大氷惑星である。

　天王星の自転軸が横倒しなのに比べると，海王星の自転軸の傾きは28.3度と地球なみであり，自転周期は約16時間である。どちらの巨大氷惑星も自転速度は巨大ガス惑星に比べると遅いため，扁平率は0.002

程度で，地球よりも丸い。

（3）巨大氷惑星の内部構造

巨大氷惑星の平均密度は，天王星が$1.27 \mathrm{~g~cm^{-3}}$，海王星が$1.64 \mathrm{~g~cm^{-3}}$である。どちらも土星に比べると大

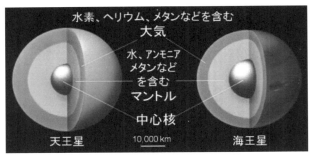

図9-2　天王星と海王星の内部構造
木星・土星のマントルが液体水素と液体金属水素であるのと異なり，天王星・海王星のマントルは水－アンモニアの超臨界流体である。

きいが，地球型の岩石惑星に比べると小さい。これは惑星の構成成分が，岩石よりも軽い水素やヘリウムがかなりを占めているせいである。

惑星の内部構造は重力のせいで中心部には密度が高い物質が沈降・集積し，外側には密度の軽い物質が浮いて来て表面の層を形作る。巨大氷惑星である天王星や海王星の内部構造も同様である。中心部には鉄やニッケル，およびケイ素を含む岩石質からなる中心核（コア）が存在する。それ厚く覆っているのがマントルである（図9-2）。

このマントルの領域を占めている物質は"氷"である。といっても日常生活でわれわれが接する冷たい固体の氷とはだいぶ違っている。何しろ惑星内部なので，高温・高密度となった水やアンモニア，メタンなどが混合された超臨界状態の流体である。天王星や海王星を巨大氷惑星と呼ぶのは，このためである。マントルが超臨界流体という点では，巨大ガス惑星の木星や土星と同じなのだが，天王星・海王星のマントルでは成分が異なっており，特に水が含まれている点が大きく異なる。こうした状態を再現する超高圧実験の結果では，天王星や海王星のマントルで

は,「超イオン水」という特殊な状態が生じている可能性が強い。超臨界状態の水分子は,まず水素イオンと酸素イオンとに分解した「イオン水」になる。さらに酸素イオンが互いに結びついて"格子状"あるいは"結晶状"となり,格子の間を水素イオンが漂う状況となる。これが「超イオン水」と呼ばれる。同様にアンモニアもアンモニウムイオンとなり,同じように振る舞う。巨大氷惑星のマントルを指して「水－アンモニア海」と呼ぶこともある。興味深いのは,マントル深部の高温・高圧によりメタンが分解して,炭素原子だけが濃集し,結晶を作る可能性も指摘されている。これはまさにダイアモンドである。マントルの底,つまり中心核(コア)の表面にはダイアモンドの海が覆い,固体ダイアモンドが雨のように降っている情景も考えられる。

　マントルを覆っているのが大気である。大気の最外層には水素とヘリウム,それに微量成分のメタンが含まれている。メタンは重いので,深くなるほど,その濃度は高くなる。

　中心核,マントル,大気が惑星質量に占める割合は,内部構造のモデルにもよるが,それぞれ約10 %,約80 %,約10 %と推定される。また,層の厚さで考えると,中心核が10-20 %,マントルが60-80 %,大気は10-20 %とされている。海王星の場合は,中心核の占める割合がやや大きいと考えられる。

(4) 巨大氷惑星の大気

　巨大氷惑星を天体望遠鏡で眺めると,どちらも青みがかって見える。とりわけ海王星は青みが強い。地球も青いのだが,その原因は異なる。地球の場合は,地表の約70 %を覆っている海や大気に含まれる水のせいであるが,巨大氷惑星の場合は大気中に含まれるメタン分子が原因である。メタンは可視光の赤色域から赤外線にわたって広く光を吸収する

性質がある。しかし，他の波長の光，つまり青から緑，オレンジ色あたりは吸収しない。そのため，照射された太陽光のうち，赤色のみが吸収され，他の色の光を反射するために，青色成分が強くなって青みがかって見えるのである。大気中のメタンの濃度は，どちらも質量比でほぼ10％前後（体積比すなわちモル比だと2％前後）と，それほど変わらないが，海王星のほうが青く見えるのは，微量成分によるものか，温度の差による大気成分の氷晶化に依存しているものかは，よくわかっていない。

　大気の主成分は巨大ガス惑星と同様に水素とヘリウムである。その比率は天王星では5.7：1，海王星では4.6：1（モル比）で，海王星の方が若干ヘリウムの比率が大きい。また，どちらの惑星も，大気の深いところほどメタンが多くなる。

　大気の厚さは約2500-5000 km程度とされている。巨大ガス惑星と同様に1気圧（約1000ヘクトパスカル）のところを"表面"と定義している。大気は，熱圏，成層圏，対流圏と分かれており，350 kmほどの厚さの対流圏が可視光で観測できる領域となっている。ここには主にアンモニアや硫化水素，硫化水素アンモニウムなどの氷粒からなる雲が発生している。

　対流圏で起こる気象現象については，同じ巨大氷惑星でも違っている。天王星は可視光で見る限りは，余り特徴のない，のっぺりとした構造で，表面にはほとんど特徴的な模様が見えない。わずかに赤道付近に暗めの帯状の領域，極付近の明るい領域（極フード）が見える程度である。これは巨大ガス惑星と異なり，メタンの一部は凍って氷晶雲になっているため，明確な縞をつくるはずのアンモニアなどの雲がメタンの雲に覆い隠されている可能性もあるが，天王星の場合は，自転軸が傾いているのが主な理由とも考えられる。21世紀になって天王星の赤道領域

に太陽光が当たるようになり、昼夜が明確になったせいか、北半球でメタンによる「かなとこ雲」に相当する白い雲が観測されるなどの変化を示している。

　一方、海王星は天王星に比べてもダイナミックである。ボイジャー2号の接近観測では、高速なジェット気流に流される白い雲や、巨大な黒い斑点「大暗斑」などが観測されている（図9-3）。特に、この時に観測された海王星の雲の動きは、太陽系最大の強風で、その風速は$600\mathrm{~m~s^{-1}}$にも達するほどであった。緯度が低いほど風が強く、赤道付近では自転と逆向き、つまり東から西へと吹いている。一方、緯度が高い領域では弱くなり、自転と同じ方向、つまり西から東へと吹いている。厚い大気層の中では、ごく表面の現象ではある。なお、天王星でも、これほど早くはないものの、風向きは同じである。

　ボイジャー2号が接近した時に発見された「大暗斑」は、木星の大赤斑と同じように、楕円形をしており、その長径はほぼ地球ほどもある大規模なものである。大暗斑は、大赤斑とは異なり、大気中のメタンが薄い領域（地球の"オゾンホール"に相当する）とされている。一方、1990年代にハッブル宇宙望遠鏡で観察すると、南半球にあるはずの大暗斑は消えており、同じような暗斑が北半球に出現していた。この消失と出現の理由は

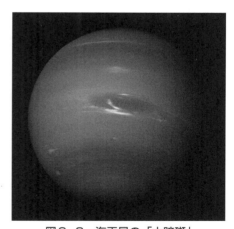

図9-3　海王星の「大暗斑」
1989年にボイジャー2号から撮影されたもの。この写真ではほぼ中央に見えるが、このときは海王星の南半球にあった。
（出典：NASA/JPL）

まだよくわかっていない。21世紀になると、天王星にも、同様の暗斑が観測されている（図9-4）。

(5) 巨大氷惑星の温度

巨大氷惑星の温度はきわめて興味深い。天王星も海王星も、太陽から

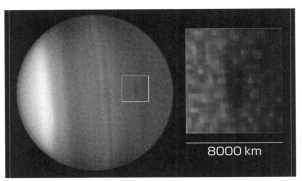

図9-4　天王星に現れた「暗斑」
2006年にハッブル宇宙望遠鏡で撮影された天王星の暗斑。
（出典：NASA, ESA, L.Sromovsky and P.Fry（University of Wisconsin）, H.Hammel（Space Science Institute）, and K.Rages（SETI Institute））

距離が大きく異なるにもかかわらず、ほとんど同じだからである。むしろ、測定の仕方によっては天王星の方が低い。大気の上層部、0.1気圧の場所で比べると、天王星は最低温度が－224℃なのに対し、海王星では－218℃なのである。そのため、天王星は太陽系で最も冷たい惑星といわれることがある。太陽に近い天王星のほうが、より遠い海王星より冷たいということは、巨大ガス惑星のように、巨大氷惑星でも内部からの発熱が大きく効いている事を示している。

天王星と海王星で受ける太陽光の強さは、地球が受ける太陽光の約0.3％および約0.1％しかない。ちなみにこの"約0.1％"は、晴れた昼間の部屋奥の照度（約100ルクス）に相当する。意外と明るいという印象かもしれないが、いずれにしろ太陽光は大気上層部の気象現象には影響を及ぼすが、惑星全体を暖めて、その温度を決めるほどでの量ではない。天王星では赤外線の放射量は、受ける太陽光のエネルギーとほぼ同

等である。その意味では天王星は内部発熱量あるいはそれが表面まで移送される量が少なく，海王星では多いということになる。同じような構造を持つ巨大氷惑星であるにもかかわらず，このような差がある理由はよくわかっていない。

天王星に横倒しになっていることもあって，そもそも天王星の内部発熱のエネルギー源が喪失しているという説や，横倒しであるために天王星の大気運動が活発になり，移送効率が大幅に上がって冷えてしまったという説，さらにはなんらかのメカニズムで熱エネルギーの移送が妨げられているという説などが検討されている。一方，海王星の場合は，赤外線放射量は，海王星が太陽から受けるエネルギーよりも2倍から3倍程度多くなっている。つまり，内部からの発熱が多いことを意味している。巨大ガス惑星では，惑星全体が縮んで発熱する"凝縮熱"であるが，海王星でも同じようなメカニズムが働いていると考えられる。

（6）巨大氷惑星の磁気圏とオーロラ

巨大氷惑星にも巨大ガス惑星と同じように磁場があり，磁気圏を作っているのだが，きわめて変わっている点がふたつある。ひとつめは，磁場の傾きが自転軸から大きくはずれている点である。

自転軸に対する磁場の傾きは，天王星では約60°，海王星でも約50°もある。これは地球の磁軸が自転軸に対して約10°ほどしか傾いていないのに対して，極めて大きな量である。素直に，それぞれの惑星の磁軸を描いてみると，磁場の北極・南極（北磁極・南磁極）の場所が，天王星では北緯・南緯30°，海王星では北緯・南緯40°になる。これは極めて異常で，オーロラが発生する領域が中緯度付近になるということになる。実際，中緯度で輝くオーロラは観測されている（図9-5）。

もうひとつ，巨大氷惑星で特徴的な点は，磁場の中心が惑星の中心核

（コア）にないことである。磁軸が惑星の中心を通っていないのである。それぞれ天王星の半径の約1/3ほど，海王星の半径の半分以上も惑星中心から外れている。すなわち磁場の中心がマントルの中にあることになる。

惑星の磁場は導電性流体が動くことによるダイナモ理論というメカニズムで生じる。地球や巨大ガス惑星は中心核が導電性流体であるが，天王星と海王星の中心核は溶融していない。そのため，中心核では磁場が発生せずに，マントルにある導電性の超流動状態の氷によって磁場が発生しているため，磁場中心が中心核からはずれているのではないか，と考えられている。一方，磁場は地球や太陽では逆転する時期があり，そのような場合は中心がずれたり，自転軸に対して大きく傾いたりすると考えられる。両方の惑星で，いままさにその逆転が起きつつあるのかもしれないが，たまたま両方ともその時期にあたるとは考えにくい。

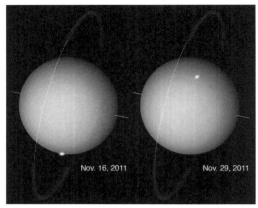

図9-5　天王星のオーロラ（明るい点）
自転軸の北極・南極ではなく，磁場の北極・南極（北磁極・南磁極）がある中－低緯度に発生する。天王星の自転軸は横倒しの状態である。
　　（出典：ⓒNASA/ESA/L.Lamyを改変）

2. 太陽系形成時からの天王星と海王星の履歴

　太陽系形成時に，巨大ガス惑星ほどではないが，巨大氷惑星である天王星と海王星は，太陽系外縁における位置を占め，落ち着いてたたずむまで，巨大ガス惑星に揺さぶられながら太陽系をかなりの旅をしたと考えられている。その激しい旅路の痕跡は，惑星の特徴や，外縁部に存在する無数の太陽系外縁天体に残されていると言って良い。

（1）巨大氷惑星はもっと内側で生まれた

　古典的な太陽系形成理論では，惑星はすべてほとんど現在軌道運動している場所で生まれたと考えられてきた。ところが，このモデルで計算していくと，巨大ガス惑星である木星や土星はともかく，その外側にある巨大氷惑星の天王星や海王星が，数十億年経過しても，現在までの大きさに成長しないという問題点が指摘された。もともと太陽から遠ざかれば遠ざかるほど，公転運動のスピードが遅くなり，惑星の元になる微惑星と呼ばれる"卵"が生まれたとしても，その相互の衝突合体の頻度が少ないために，成長できないというのである。さらにその領域では，原始太陽系円盤においてガスや粒子も少なかったはずで，これだけの巨大氷惑星まで成長させるのが困難に思えてきたのである。

　この謎は，惑星は現在の場所で生まれた，という前提を考え直すことで解決できる。もっと内側，つまりもっと物質が多いところ，すなわち，もっと太陽に近いところで成長させてから，現在の位置まで動けばよいのである。太陽系形成時に巨大ガス惑星が，その位置を移動しつつ，太陽系内部を相当にかき回したであろうことは，**第8章**で紹介した。実は，その動きに呼応して，巨大氷惑星も動いていたと考えられている。

実際に，天王星や海王星がどのあたりで生まれたのか，その後，いつ頃に大移動してきたのかについては，モデルによって異なっている。しかし，どのモデルをとるにせよ，惑星の移動は必須である。そして，その移動の間に，微惑星や成長していった他の原始惑星と遭遇していくことになる。こうして，原始惑星との衝突の結果，天王星は，その自転軸を大きく傾ける結果になったと考えられている。天王星の横倒しは，この移動の履歴のひとつと言って良いだろう。

(2) 海王星の移動と太陽系外縁天体 (TNO)

　巨大氷惑星の移動を端的に示すもうひとつの証拠が，太陽系の外縁部に存在する小天体群の性質である。海王星を超える軌道長半径をもつ小天体は，まとめて「太陽系外縁天体」と呼ばれる。この用語が国際天文学連合の惑星定義を受けて定まった2006年までは，海王星よりも遠い天体という意味で，trans-Neptunian object（略称 TNO）と呼ばれていたが，この呼称はまだ使われている。この天体群については，第12章　太陽系の果てで扱うので，ここでは海王星との関係を紹介する。

　太陽系外縁天体の軌道を詳しく調べると，比較的黄道面に沿って，海王星とはほぼ無関係に円に近い軌道を公転する古典的天体群，冥王星と同じように海王星の影響を強く受けて共鳴状態にあり，黄道面から傾いた冥王星と軌道が酷似した酷似群（しばしば小さな冥王星という意味でプルチノと呼ばれる），それに軌道が大きく歪んで外側に向かって伸びている散乱円盤天体に分類される。もともと原始太陽系円盤の外縁では，先ほども述べたように公転速度が遅く，他の天体と出会って，衝突・合体する頻度が少ないため，惑星への成長速度は遅い。そのため，ある一定の時間内に成長できなかった天体群が，成長を促す材料やガスが無くなってしまい，そのままの形で残されてしまった天体群と考えら

れる。こうした小天体群は，原始太陽系円盤の平面，つまり黄道面付近に集中していた。ところが，現在は古典的天体群を除くと，ずいぶんと黄道面に対して傾いた軌道を持つものが多い。冥王星と同じような軌道の性質を持つ天体群は，特にそうである。冥王星は海王星の重力の影響を強く受けた結果，軌道周期が海王星と3：2の整数比，つまり共鳴関係となっている。こうした軌道の分布を説明するモデルの一つが，海王星が徐々に外側へと移動してきたと考えるものである。海王星の重力によって，影響を受けた成長過程の小天体群が，あるものは海王星に捉えられ（もしかすると海王星の自転と逆行する公転軌道を持つ衛星トリトンがそうかもしれない），あるものは太陽系から放り出され（その過程で，放り出されないで，長い楕円軌道になってしまったのが散乱円盤天体となったのかもしれない），あるものはうまく共鳴関係にはまって，生き残りつつも，軌道が大きく傾いてしまったのである。

　もちろん，このほかのモデルもある。もともとこのあたりでは，惑星成長が進み，地球サイズの天体までできていたために，太陽系外縁天体の複雑な軌道分布ができたというものである。その原因となった地球サイズの惑星が存在するという予想もある。さらに，最近では，散乱円盤天体の軌道分布が非常に偏っていることから，その偏りの説明として地球の10倍程度の"第9惑星"が存在するという予測もある。いずれにしろ，太陽系の外縁部はまだまだ未知の領域と言えるだろう。

3. 氷惑星への探査

　巨大氷惑星である天王星と海王星は，巨大ガス惑星に比べても，さらに遠方である。そのため，これまでに送り込まれた探査機は，いわゆるグランドツアーと称して，木星と土星にフライバイしつつ，その重力をうまく利用して巨大氷惑星に接近したボイジャー2号のみである。

（1）天王星探査の歴史

　ボイジャー2号は天王星に1986年1月24日にフライバイした。天王星への最接近距離は大気上層部から81500 kmであった。天王星のそのものの詳しい観測を行っただけでなく，その接近前後には，周囲の衛星や環について観測を行った。また，このフライバイによって新しい衛星や磁気圏の構造が解明された。

　天王星への探査計画は，検討中のものがないわけではないが，具体化されていない。

（2）海王星探査の歴史

　天王星を通過したボイジャー2号は，その重力を利用して海王星に向かい，約3年後の1989年8月25日に海王星に最接近した。このときの距離は，大気上層部からわずか4800 kmほどであった。天王星と同様に，ボイジャー2号は大気だけでなく，環や磁気圏について観測を行った。南半球に大暗斑を発見したのは有名である。また，接近前後，衛星の観測も行い，トリトンでの間欠的な噴出活動や極めて希薄な大気を見つけ，新しい衛星も発見するなどの成果をあげた。

　海王星への探査計画は，検討中のものも含めて，現在のところは立案されていない。

10 | 惑星の衛星と環

宮本　英昭

《目標&ポイント》　巨大惑星の衛星には，太陽系で最も火山活動が活発なものもあるし，地下に海が存在するものや水が噴き出ているものもある。また，極度にいびつなもの，表面が無数の断層で引きちぎられているものもあり，ひとことで衛星と言っても驚くべき多様性がある。さらに，全ての巨大惑星は環を伴うことが明らかになった。近年の太陽系探査機によって明らかにされた衛星や環の千姿万態の姿は，天体の形成や進化，太陽系内の物質分布にも通じる重要な概念をもたらしている。
《キーワード》　イオ，エウロパ，エンケラドゥス，タイタン，潮汐加熱，環

1. 地球は奇跡の星なのか？

　地球という天体は，奇跡的ともいえる環境に恵まれたからこそ，これほど生命が繁栄する天体へと進化したのだろう。しかし具体的にどのような意味で奇跡の星なのだろうか？地球にこれほど生命体が繁栄したのはなぜだろうか？

　従来強調されてきたポイントは，エネルギーや温暖な気候，液体の水，そして有機物の存在である。地球には，生命の源とも言える液体の水が長期間存在することができたし，活発な火山活動や地殻変動が存在したため，生命体はこうしたエネルギーを利用することができた。さらに太陽からの距離は，金星と火星の間という絶妙な位置であり，これが生命を育む温暖な気候を生んだのかもしれない。しかしこうした条件を

満たした上で，有機物が存在し得た天体は地球以外にありえない，というわけではないことがわかってきた．木星も土星も，それぞれ60個以上の大小さまざまな衛星を持ち，その中には上の条件を幾つも満たす天体が含まれているのだ（図10-1，図10-2，図10-3）．地球の奇跡とは，それほど単純な話では無さそうだ．

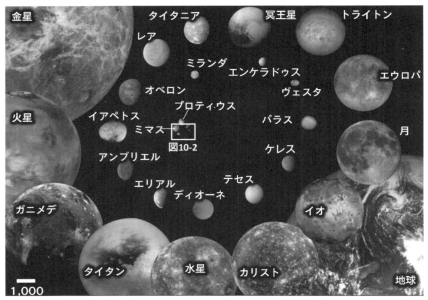

図10-1　直径20,000 kmから400 kmの天体
（NASA/JPLの資料から作成：宮本英明）

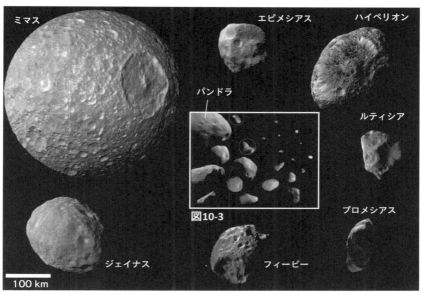

図10-2　探査機が訪れたことのある直径400kmから100kmの天体

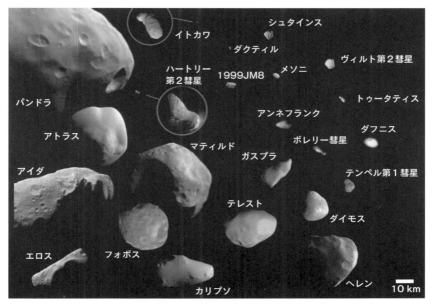

図10-3　探査機が訪れたことのある直径100km未満の天体

（1）莫大なエネルギー――木星の衛星イオ――

　地球が活動的であるのは，地球内部がまだ十分に熱いからだ．形成してから約46億年が経過した地球が未だに熱を持ち続けるためには，地球形成時に蓄えられた熱よりも，ウラン，トリウム，カリウムなどの放射性元素が壊変する（核分裂する）時に生じるエネルギーが重要となる．この量は天体の体積に依存していて，大雑把には半径の3乗に比例して増大する．一方で天体が冷えるには，天体の表面部分から熱を失うより他に無いが，この場合は表面積，すなわち半径の2乗に比例して冷却の効率が決まる．これを単純に解釈すれば，天体が小さいほど熱源の量が少なく，その割に体積あたりの表面積が大きくなるので，冷えやすくなる．逆に，大きな天体ほど冷えにくいので，地質学的に活動的であることになる．

　こうして考えると，地球よりもはるかに小さい土星や木星の衛星たちは，とうの昔に冷え固まっていて，現在は地質学的な活動が一切無いものと思ってしまうかもしれない．さらに，地球のように大気が無ければ大気の保温効果も効かないし，太陽からの距離が遠ければ，太陽エネルギーによる温度上昇も見込めなくなる．

　しかし驚いたことに，木星の衛星イオ（半径約1820 km）の表面にはクレーターが見当たらない（図10-1，図10-4）．クレーターを作る小天体の衝突は，ある程度の頻度で必ず生じるはずであるから，この事実はイオの表面が活発に更新されている（つまりは火山活動によって新しい地表面が生み出されている）ことを意味している．

　1979年にボイジャー1号がイオに接近した際に，高度数百kmにも及ぶ噴煙柱が確認された．これこそが地球以外の天体において初めて観測された活火山であった．この活火山のエネルギー源は潮汐力である．イオは軌道が円から少しずれているために，木星重力の影響による潮汐力

によって地表面が最大で約100 mも上下するなど周期的に"揉まれ"ており，熱が発生している。地球と月の間でも潮汐力は働いているのだが，イオの場合は桁外れにその力が強い。これは木星の質量が地球の約300倍もあることや，イオの公転が月よりも約15倍も早いことが原因である。この非常に強い熱源があるため，現在においてもイオのいたるところで激しい火山活動が生じているのである（図10-4）。

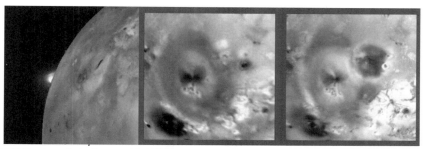

図10-4　ボイジャー1号が撮像したイオの活火山ロキ（Loki）の噴煙柱（左）（Image credit：NASA/JPL/USGS）とガリレオ探査機が観測した活火山ピラン・パテラ（Pillan Patera）の噴火前後の様子（中央：右）
観測日はそれぞれ（中央：1997年4月4日），（右：1997年9月19日）
（出典：NASA/JPL/University of Arizona）

　イオの火山活動は，1990年代後半に行なわれたガリレオ探査機による観測でも確かめられた。ほんの数か月の間に新たな爆発的噴火が生じて数百kmの大きさの地域が変化したことが確認されたし（図10-4），溶岩流の流出も観察された。さらに巨大なカルデラや風変わりな台地の存在など，さまざまな火山性地形が発見された。イオの表面は黄色や白，オレンジ色など色彩豊かであるが，これはイオの表面温度や構成物が多様であるからだ。最高で1600 Kもの高温を示す火口からは，地球

のような珪酸塩の溶岩とともに大量の硫黄化合物が噴出しており，その結果として硫黄や硫黄酸化物などの硫黄化合物が大量に表面に存在している。太陽系の中にある固体天体の中で，最も火山活動が激しい天体，イオ。その表面は硫黄の世界なのである。

（2）液体の存在－衛星エウロパ，カリスト，ガニメデ，エンケラドゥス－

イオと同様に潮汐加熱が効果的に働く天体が幾つかある。ここでは木星の衛星，エウロパについて紹介しよう。エウロパは平均半径が約1570 kmと，地球の月よりもやや小さい衛星であるが，木星の潮汐を受けて表面は1－30 mほど上下していると考えられている。エウロパにおける潮汐力はイオほど強くは無いのだが，それでもエウロパが興味深いのは，地表面が溶融しやすい氷で形成されているからだ。

エウロパは白色の氷の表面に暗褐色の模様が入っているような見かけをしている（図10-1）。地表を拡大した写真を見ると，とても奇妙な地形が広がっている。例えば板状のプレートが，まるでジグソーパズルのように分布している地域や（図10-5），こうした板状の氷が2方向に別れた所に，何かが流れ込んでいるように見える地形が存在する。さらには奇妙な筋模様でできているような隆起（ダブルリッジやトリプルリッジと呼ばれる）が至る所にみられ，バンド（トリプルバンドやプルアパートバンド）と呼ばれる帯状の地形も数多く存在している。こうした地形的特徴は，エウロパの表層が少なくとも過去において，動きやすい状態にあったことを示唆している。

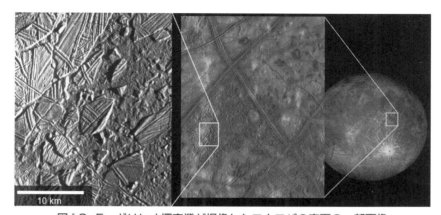

図 10-5　ガリレオ探査機が撮像したエウロパの表面の一部画像
さらに拡大した左の高解像度画像（54 m/ピクセル）では割れた板氷の破片状の地形が無数に見られる。　　　　　　　（出典：NASA/JPL/University of Arizona）

　エウロパには衝突クレーターがほとんど見つからないので，地表面の年代は相対的に若いと考えられる（数千万-数億年程度と推定されている）。かつて形成されたクレーターは，氷火山などによって埋められるか，または表面の柔らかな物性に応じて，時間と共に消え去ってしまったのであろう（粘性緩和と呼ばれる）。

　興味深いことに，表面にある暗褐色の構造が示すパターンを，自転や潮汐に応じた応力と比較することで，表層の氷と内部との間に流動的な層が存在することが予想されている。特に外側の氷の層が，内部よりもほんの少しだけ早く自転していると考えると，こうしたパターンをうまく説明できる。これは潮汐加熱のモデルによって推定された，内部の温度構造と調和的である。もっとわかりやすく書けば，エウロパは内部に大きな液体の海が存在すると信じられているのだ。

　ところでエウロパの表面には，水溶性の塩類が不均一に堆積していることが明らかにされている。これは地下から塩分を含んだ水や氷が噴出

することでもたらされたと考えられているが，こうした塩類の溶け込んだ水は高い電気伝導度を持つと考えられる。探査機によるエウロパ周辺の磁場の観測によって，内部に海が存在した場合に期待される磁場と調和的な観測結果が得られたことによって，氷層の一部が溶融し海が存在することは，ほぼ間違い無いのではないかと考えられている。

　同じように内部に海が存在する可能性が指摘されている天体は，他にもカリストやガニメデ，エンケラドゥスがある。ここではエンケラドゥスについても簡単に紹介しよう。

　エンケラドゥスは土星の衛星の中で6番目に大きなものであるが，そうはいっても半径は250 kmほどしか無い（図10-1）。この天体が特に注目を集めているのは，カッシーニ探査機によって南極周辺から水が噴出していることが確かめられたからである（図10-6）。噴出口周辺は，クレーターが少なく若い表層年代を持つが，虎縞模様（タイガーストライプ）と名付けられている有機物に彩られた並行に走る地溝が存在している。この地域が周辺よりも数十℃も暖かいことから，地下の熱源で溶融した水や水蒸気が間欠泉のように噴出しているのであろうと考えられている。また噴出物の中には，有機物やケイ酸塩，ナトリウム塩，炭酸塩などが含まれている。このことは，エンケラドゥス内部で液体の水が海のように存在しており，その水が内部の岩石コアと高温で触れ合う，熱水環境が存在していることを示している。つまりエンケラドゥスの内部には，生命の誕生や生存に必須と考えられている，エネルギー，液体の水，有機物という3つの要素が，現在でも存在していることになる。

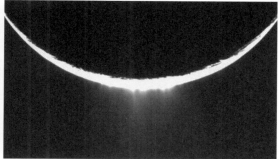

図10-6 カッシーニ探査機が2005年に撮像した20枚以上の擬似カラー画像を合成した，エンケラドゥス南半球のモザイク画像
右は，2005年11月27日に撮像した，エンケラドゥス表面の噴出現象
（出典：NASA/JPL/Space Science Institute）

(3) タイタン表層の物質循環

さらに土星の衛星タイタンを紹介しよう。タイタンは平均半径が約2580 kmで，ガニメデについで太陽系で2番目に大きな衛星である（図10-1）。平均密度が約1880 kg m^{-3}であることから，氷と岩石の混合物で形成されていると考えられる。タイタンの特徴的な点として，濃い大気を持つことが挙げられる。地球と同様に大気の主成分は窒素であり，地表面の大気圧も地球とほぼ同じ1.5気圧である。大気を持つ衛星は，イオやトライトンが挙げられるが，これほど濃い大気をもつ衛星は他に存在しない。ただしタイタンは太陽からとても遠いために，地表における温度は低く，約-180℃である。

タイタンの大気には，数%のメタンが含まれている。このメタンと窒素から生成された高分子有機化合物によって作られるオレンジ色の「もや」につつまれているため，タイタンの地表面を観察することは困難であった。2004年に土星系に到着したカッシーニ探査機と，タイタン着

陸機ホイヘンスは，これまで謎に包まれていたタイタンを初めて詳しく調べることに成功した。その最も重要な成果として，タイタンが地球以外で唯一，地表面に現在も液体を持つ天体であることが明らかにされた（図10-7）。地表面にある液体といっても，水では無い。$-180\,^\circ\mathrm{C}$ という低温において，地球の水と同じように振舞っているのは，炭化水素（特にメタン）である。タイタンの高緯度地域には，大小さまざまな液体メタンの湖が存在する。北極付近にあるリゲイア海と呼ばれる湖は，地球のスペリオル湖ほどの面積を持ち，その海岸線には陸地から湖へと流れ込む河川地形などがみられる。こうした湖からの蒸発によってメタンは大気に運ばれ，大気中で凝縮し雲を形成する。そしてメタンの雨が降り，凍り付いた地表面を削剥し谷をつくり（図10-7），川となり，再び炭化水素の湖を形成する。このようにタイタンにおいては，地球における水循環と類似した炭化水素の物質循環が起きている。

着陸機ホイヘンスは無事にタイタンに着陸した後で，地表面の様子を撮影することにも成功している。地表面には角が取れ丸みを帯びた氷塊が多数存在しており，地球の河川における堆積物と類似している。

こうしてみると興味深いことに，巨大惑星の衛星は，地球で生命体が生まれるための奇跡の条件とかつて考えられてきた条件，例えばエネルギーや液体，有機物，さらには安定した気候の存在など，少なくとも幾つかは同時に満たしている場合があるのだ。

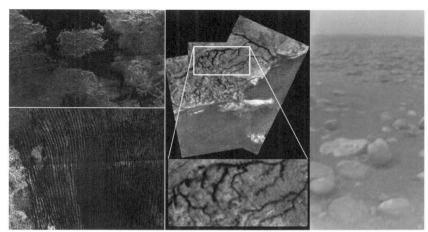

図10-7 カッシーニ探査機が撮像したタイタン表面のレーダー画像（左上・左下・中央：それぞれ湖（左上），砂丘（左下），合流する谷地形と海岸線（中央）を表す）とホイヘンス着陸機が撮像したタイタンの表面画像（右）
(出典：NASA/JPL/ESA/University of Arizona)

2. 太陽系の博物学

　巨大惑星の衛星の形態や地表面の様子は，非常に変化に富んでいる。ここからは，ガリレオ探査機や，カッシーニ探査機によって明らかにされた複雑怪奇な衛星や環の姿を紹介しよう。

　太陽系最大の惑星である木星は，地球の質量の約320倍もある巨大惑星である。木星の周囲には，形もさまざまな衛星が60個以上見つかっている。その中でガリレオ衛星と呼ばれている4つの大きな衛星（イオ，エウロパ，ガニメデ，カリスト）は，ほぼ共通の軌道面内を木星の自転方向と同じ向きに公転しているので，こうした衛星は木星とほぼ同時期に形成したと考えられている。

　恐らく木星が形成された当時は，ガスや微粒子でできた円盤が木星の

周囲に形成され，その中から次第に固体物質が凝縮し，衝突や合体を繰り返しながら衛星が形成されていったのであろう。これは太陽を中心とした原始太陽系円盤において，惑星が作られていった過程と類似していたはずだ。ガリレオ衛星の内側や外側には，こうした過程で集積しきれなかった天体の破片だけでなく，太陽を回っていた小天体が，あるとき木星の重力に捕らえられて衛星となったものが含まれていると考えられている。土星は木星の3分の1の質量しかないが，やはり木星と同様に60個以上の衛星を持ち，木星の衛星系と類似した特徴を示している。

（1）衝突の果て

　クレーターがほぼ全ての固体天体に無数に存在することを考えると，太陽系の歴史を通じて天体同士の衝突が，普遍的に生じていたことが示唆される。例えば太陽系が形成された時期においても，原始太陽系円盤の中においては，塵が少しずつ集まって微惑星を形成し，それが原始惑星へと成長する過程は，衝突と合体のせめぎ合いだったはずだ。その後も惑星，または小惑星の衝突破壊は続いており，現在に至っていると考えられる。こうした痕跡を，木星や土星の衛星で見る事ができる。

　ガリレオ衛星についで大きな衛星アマルシアは，ガリレオ衛星よりも木星に近い衛星である。この天体は一番長いところで約250 km，短いところで約130 kmという歪な形をしている。最大のクレーターはパンとよばれ，直径が約90 kmもあることが知られている。他にも衝突の痕跡が多数あり，木星の希薄な輪の1つは，ここから供給された粒子で形成されていると考えられている。同様の特徴はテーベやメティスなど他の小さな衛星にもあてはまる。

　土星の衛星ミマス（図10-2）は，半径約200 kmで密度は約1150 kg m^{-3}と氷と同程度である。この天体は無数のクレーターで覆われているが，

ひときわ目立つのが直径140 kmほどのハーシェル・クレーターである。このクレーターはミマスの大きさの1/3程の大きさであるが，他の衛星においても，最大のクレーターは天体の大きさの1/3程度であることから，これ以上大きな天体が衝突すると，恐らく天体自体が破壊されてしまうのであろう。

（2）氷と流動の奇妙な世界

土星の衛星には，密度が低く，ほとんどが氷でできていると考えられるものが少なくない。こうした天体には，奇妙な形状の地形を数多くみることができる。例えば土星の衛星テセス（半径約540 km）は，密度が約960 kg m^{-3}と推定されており，ほぼ純粋な氷に近い。この衛星には土星系で最も大きな衝突クレーター，オデッセウスが存在する（図10-8）。氷は岩石よりも強度が

図10-8 カッシーニ探査機が2005年12月24日に撮像した，テセスの先行半球に位置する，直径450 kmのオデッセウスクレーター

（出典：NASA/JPL/Space Science Institute）

低いため，地形の緩和と呼ばれる流動が生じやすいが，こうした流動は長い波長の地形（起伏の規模が大きい地形）ほど先に消し去る特性がある。そのためクレーター内部の窪みは消えているが，クレーターの中央丘や外輪は多少形状をとどめている。

天王星の衛星ミランダ（図10-9：半径約240 km）は，密度が約1200 kg m^{-3}であるため，岩石質の物質と氷が半分ずつ混合した組成ではないかと考えられている。ミランダは，流動性が高く比較的若い年代

の地形が急角度で古い地形を区切っているなど，カタストロフィックな構造地形を持っており，全球規模の激しい変動を経験したことがうかがえる。天王星の衛星エリアルは，半径約580 kmで密度は約1670 kg m^{-3}と推定されている。ここにも地形が緩和した様子が多くみられるが，流動性の高い物質の存在も指摘されている。

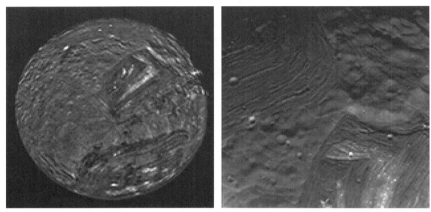

図10-9　ボイジャー2号が1986年1月24日に撮像した9枚の画像を合成して作成されたミランダの南半球（出典左：NASA/JPL/USGS）とボイジャー2号が撮像したミランダ（右：NASA/JPL）
表面のΛ形に屈曲した地形は，シェブロン（chevron）と呼ばれる。

同様に海王星最大の衛星トライトン（図10-10：半径約1350 km）にも，クレーターが完全に緩和しており，かつクレーターの存在していた場所が流動性の高い物質で埋められている様子が見られる（図10-10）。そのほかにも，カンタロープと呼ばれる地形も見つかっており，低温でも柔らかい物質の存在と火成活動の存在が示唆される。トライト

ンの表層には流動性の高い固体メタンや固体窒素が存在する可能性が指摘されているし，トライトン表面には氷火山（液体窒素またはメタン化合物）の噴出口とみられる地形も発見されている。

土星の衛星ハイペリオン（図10-11）は，ある意味最も奇妙な衛星かもしれない。3軸で表すと約360 km × 266 km × 205 kmという大きさを持つこの天体はスポンジのように穴の空いた姿をしているが，密度は約540 kg m^{-3}と見積もられており，空隙を40％ほど持つと考えられている。この穴は衝突クレーターと考えられているが，他の天体でみられるようなお椀のような形と異なっている。組成は複雑で，水の氷の他に，二酸化炭素，有機物，層状ケイ酸塩，シアン化物などで構成されているようだ。自転軸の向きや自転周期が特殊なため，土星の衛星系が作られた後で捕獲された衛星であろうと考えられている。

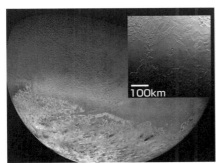

図10-10　ボイジャー2号が1989年に海王星系にフライバイした際に撮像した複数の画像を合成した，トライトンのカラーモザイク画像（左）（出典：NASA/JPL/USGS）と北半球の一領域の拡大画像（右上）（出典：NASA/JPL）

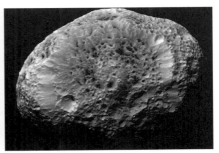

図10-11　カッシーニ探査機が2005年9月26日に撮像した6枚の画像を合成した，ハイペリオンのモザイク画像（解像度197 m/ピクセル）（出典：NASA/JPL/Space Science Institute）

(3) 無数の粒子が形作る美しい環

　これまでに見たように，巨大惑星は全て独特の衛星系を持つが，さらに環（わ）も伴っている。近年の探査により，これが衛星などと相互作用を生じていることが明らかになったため，系（環系，リング・システム）として捉えられるようになってきた。

　衛星系が惑星によって大きく異なるのと同じように，環も惑星によって様相が異なる。たとえば木星は主に木星半径の1.72－1.81倍のところにうっすらとした環があり，この内部または周囲に4つの衛星を持つ。土星はご存知の通り，より明瞭な環を持つが（図10-12），主に土星半径の1.11－2.27倍の場所に主に3つの環（A環，B環，C環と呼んで区別される）が存在し，他にもっと細い環が幾つも連なっている（E環，F環，G環などといった名前が付けられている）。天王星や海王星にも環があるが，薄く不完全な見かけを持ち，土星ほど発達した環は無い。

図10-12　カッシーニ探査機が2005年5月3日，掩蔽観測の際に撮像した土星の環（解像度約10 km/ピクセル）
（出典：NASA/JPL）

　土星の環はあたかも円盤状の板が土星周囲に浮かんでいるように見えるが，実際には数マイクロメートルから数メートルまでの粒子で形成されている。ほとんど氷が主成分だが，炭素質隕石に似た組成のものもあるとされる（木星の環はさらにケイ酸塩鉱物も含まれるとされる）。環の厚みはせいぜい数十メートルしかなく，見かけのわりには極めて薄い。

　環は何らかの理由で供給された粒子群が集団として土星の周囲を回る

ことで形成されているが，その粒子の起源はいくつかあることが知られている。環の多くは衛星など何らかの天体が惑星の重力によって分裂するなどして供給されたと考えられるが，たとえば土星のE環はエンケラドゥスの南極付近から放出された塵やガスで形成されているし，木星の衛星イオから放出された火山ガスは，プラズマ化した環としてイオの公転軌道上に分布している。

　惑星の周りを公転する粒子は，自己重力によって周囲の物質を引き付けようとする。この自己重力が潮汐力よりも大きい領域（ヒル半径以内の領域という）は土星に近づくほど小さくなる。惑星からの距離がある値（ロッシュ限界半径と呼ばれる）よりも小さくなると，2つの同じ大きさの粒子の半径の和より粒子のヒル半径が小さくなり，これは潮汐力の影響が強すぎて自己重力で他の粒子を束縛できなくなることを意味する。このような条件下では粒子は集まることができず，環としてある軌道に広がり，これが環に対応する。一方，ロッシュ限界半径よりも外側では，自己重力が潮汐力に打ち勝つので粒子が互いに集まり衛星に成長することができる。このため大雑把には土星に近い部分に環，遠い場所に衛星が存在する場合が多い。

　土星の環はさらに，周囲の衛星との間の軌道共鳴などの影響を受け，明瞭な間隙を形成し，独特の極めて数理的に見える美しく調和の取れた姿を見せている。カッシーニ探査機により，環の超高解像度画像が多数取得されたが，その中には衛星との相互作用を示すものもある（図10-13）。無数の粒子の集合体が圧倒的スケールで見せる美しい調和の中に，時間的にも空間的にも複雑な擾乱が重ね合わされている姿から，はかなくも厳密な自然の摂理が垣間見える。

図10-13 カッシーニ探査機がそれぞれ2006年10月27日（左），2017年1月16日（右）に撮像した，土星の環のすき間を移動する衛星ダフニス（幅約8 km）の高解像度画像（解像度は2 km/ピクセル（左），168 m/ピクセル（右））
(出典：NASA/JPL-Caltech/Space Science Institute)

参考文献

関根康人『土星の衛星タイタンに生命体がいる！』小学館，2013
宮本英昭他編『惑星地質学』東京大学出版会，2008
渡部潤一・渡部好恵『最新惑星入門』朝日新聞出版，2016

11 | 太陽系の小天体

吉川 真

《目標&ポイント》 本章では，小惑星や彗星のような太陽系小天体の特徴について理解するとともに，これらの天体が太陽系の起源を理解する鍵になっていることや，地球衝突問題あるいは宇宙資源など今後の人類にとって重要な天体であることを理解する。
《キーワード》 小惑星，彗星，隕石，流星，スペースガード，宇宙資源

1. 太陽系小天体

（1）太陽系小天体とは

　ここまで学んできたように，太陽系は，太陽とその周りを公転する水星・金星・地球・火星・木星・土星・天王星・海王星という8つの惑星がその骨格を作っていると言ってよい。2006年までは，さらに冥王星も惑星であったが，第1章で述べたように冥王星は準惑星となった。2020年の時点で，冥王星に加えて，ケレス・エリス・ハウメア・マケマケの合計5つが準惑星である。

　太陽系には，この他にも非常に多くの天体が存在している。惑星・準惑星の周りには衛星があるし，多数の小惑星や彗星が太陽の周りを公転している。さらに流星として観測される塵（ダスト）も太陽系天体である。太陽系小天体とは，太陽系の小さい天体という広い意味では太陽と惑星以外のすべての太陽系天体のことになるが，特に小惑星と彗星を指すことが多い。

なお，隕石という分類もあるが，これは，地球など惑星の表面に落ちてきた天体のことである。その元になる天体は小惑星や彗星であることが多いが，月や火星から地球に飛来してくる隕石もある。本章では，小惑星と彗星に加えて，隕石や流星についても紹介する。

(2) 準惑星

太陽系小天体の個別の議論に入る前に，惑星，準惑星，小天体（ここでは小惑星と彗星）の違いを確認しておきたい。

第1章で述べたように，2006年に国際天文学連合の総会にて決められた定義によると，惑星と準惑星の違いは，「自分の軌道付近から他の天体を排除している天体が惑星，排除していない天体が準惑星である」としている。この意味は，惑星は接近してきた天体が衝突するかその軌道を大きく変えてしまって，長い年月の間には自分の軌道のそばには他の天体がいなくなるということである。つまり，自分の軌道近辺にまで影響を及ぼすほど引力（質量）が大きい天体を惑星と定義したと言える。

惑星・準惑星と小天体の違いはと言うと，「十分大きな質量を持つために自己重力が固体としての力よりも勝る結果，重力平衡形状（ほぼ球状）を持つ」ものが惑星・準惑星で，そうでないものが小天体ということになる。つまり，小天体の方は，自己重力が弱いので自分自身の重力では球形になれない天体ということになる。このように説明すると，惑星，準惑星，小天体ははっきりと区別されているように思えてくるが，実際には注意すべき点がある。

まず惑星についてであるが，この後の小惑星の節で見るように，例えば木星の軌道上には，トロヤ群小惑星という天体が多数分布している。また，太陽系の内側の水星から火星の領域には，地球接近小惑星に分類される小惑星が多数存在している。つまり，木星そして水星・金星・地

球・火星は，惑星の定義に合わないことになってしまうのである．さらには周期彗星の軌道は太陽系中に広がっていると言ってもよいので，すべての惑星の軌道の近辺に他の天体が存在することになってしまう．

これをどう考えるかであるが，トロヤ群は木星と公転周期が等しい．これは公転運動における1：1の共鳴状態（1：1の平均運動共鳴）と呼ばれる．このような力学的に特殊な状態にあると木星と接近することを避けることができ，長期間にわたって木星軌道上に存在できるのである．一方，地球接近小惑星については，惑星に頻繁に接近する．したがって，太陽系のタイムスケールに比べると非常に短いタイムスケール（例えば100万年）で軌道がどんどん変化していく．つまり，一時的に存在しているだけである．彗星についても，その軌道は長いタイムスケールで見れば変化する．このように力学的に特殊な状態にあるものと一時的に存在しているような天体は例外として除くと，惑星の軌道近辺からはきれいに天体が排除されていることになる．一方，準惑星については，ケレスは小惑星帯の中にいてその軌道近辺には多数の小惑星が存在しているし，冥王星・エリス・ハウメア・マケマケは太陽系外縁天体の中に存在している．これで，惑星と準惑星が定義通りに区別できることが確認できた．

次に，準惑星についてであるが，実は冥王星も含めて準惑星はすべて小惑星のリストに入れられている．小惑星が発見されてその軌道が正確に推定されると，通し番号が付けられる．これを小惑星の確定番号と呼ぶ．ケレスは準惑星として分類されることになったが，最初に発見された小惑星として，確定番号1番は付けられたままになっている．さらに，冥王星については，2006年に惑星から準惑星に分類替えされた時点で134340番という小惑星の確定番号が付けられた．この他の準惑星にも小惑星の確定番号が付けられている．つまり，せっかく準惑星を定義し

たのに，事実上は小惑星として扱われていると言ってよい。そして，そのように扱われてもなんら不都合な点はないどころか，準惑星を小惑星として扱った方が実際には便利なのである。

冥王星の分類をどのようにするかについて多くの議論をし，準惑星という新たなカテゴリーをつくったわけであるが，単純に冥王星を小惑星に分類替えするだけでよかったのかもしれない。ただし，準惑星という分類が生まれることになったことは，それだけ多様な太陽系天体が発見されてきたということを物語っている。

2．小惑星

（1）小惑星とは

小惑星は，惑星とその周りを回る衛星は除いた上で，太陽の周りを公転していて，地上からの望遠鏡で観測すると点状に観測される天体である。大きさが小さいために，その形や表面模様は，望遠鏡ではほとんど確認することができない。「点状」と規定されているのは，天体の表面からガスや塵が吹き出して点状でなくなると，小惑星ではなく彗星に分類されるというためである。彗星は，太陽に近づいてその表面が熱せられるとガスや塵を放出し，それが宇宙空間に広がっていって，場合によっては非常に大きな尾となって観測される。小惑星は，その表面に揮発性の物質がない天体ということになる。ただし，揮発性の物質があったとしても太陽からの熱が十分に届かなければ溶けたり昇華したりすることはない。したがって，太陽から遠いところにある小天体については，表面に揮発性物質があったとしても小惑星と見なされる。

小惑星はなぜ存在しているのであろうか。第4章で学んだように，直径が10 km程度の微惑星が衝突合体してより大きな天体に成長し，最終

的に惑星になった．小惑星は，惑星まで成長しなかった天体であると考えられている．ただし，微惑星がそのまま残ったものというよりは，ある程度まで微惑星どうしが衝突合体して成長したが，より激しい衝突が起こって，逆にばらばらになってしまったようなものが残っていると考えられている．特に，この後学ぶことになる小惑星帯の小惑星は，そのようにしてできた．一方，海王星軌道以遠にも小天体が多数存在している（第1章，第12章）．これらの天体については，太陽系初期に生まれたものがそのまま残っている天体である可能性がある．

　惑星のように大きな天体になると天体が生まれてからどんどん進化してしまうのであるが，小惑星の場合には，生まれてからはほとんど変化しないものもあると考えられている．つまり，小惑星は太陽系の過去を知るために重要な天体である．

（2）小惑星の軌道と運動

　最初の小惑星は，1801年1月1日にイタリアのシシリー島にあるパレルモ天文台で，イタリアの天文学者のピアッジによって発見された．当時は，ティティウス・ボーデの法則（第1章）が知られていたが，火星と木星の間に1つ天体が欠けていた．ここを埋めることになる天体が探索されていたのである．

　このシシリー島で発見された天体は，まさにティティウス・ボーデの法則の欠陥を埋めるところに発見され，名前はローマ神話の女神であるケレス（日本語ではセレスとも呼ばれる）と名付けられた．ケレスは新しい惑星の発見かとも思われたが，続く1802年にはパラス，1804年にはジュノー，そして1807年にはベスタと相次いで似たような軌道に天体が発見された．また，これらの天体は，他の惑星に比べると小さすぎるということもわかってきた．そこで，惑星と区別されるようになり，

小惑星と呼ばれるようになったのである。小惑星は，英語ではマイナープラネット（minor planet）やアステロイド（asteroid）と呼ばれている。

　小惑星の発見はその後も続き，2020年末の時点では，発見されて軌道が求められた小惑星は，100万個にものぼる。すでに述べたように，小惑星はその軌道が正確に求められると確定番号という通し番号が付けられるが，その数も54万を超えている。

　大部分の小惑星は，火星軌道と木星軌道の間の小惑星帯と呼ばれる領域に存在している。図11-1に小惑星帯の様子を示す。小惑星帯は，火星軌道のすぐ外側から始まり，火星軌道と木星軌道の中間くらいまで広がっている。木星軌道のそばには，小惑星は少ない。小惑星帯は，太陽を取り囲む巨大なドーナッツ状になっているのである。このドーナッツ状の領域の厚さは約2 auとなる。

　図11-1を見ると，小惑星帯以外にも小惑星が存在していることがわかる。例えば，火星軌道の内側にも多数の小惑星が見られる。これらは，前節で述べた地球接近小惑星で，地球に接近・衝突する可能性がある天体として注目されている。また，木星の軌道上に，木星の前方（公転方向）と後方にそれぞれ一群の小惑星があることがわかる。これらがトロヤ群と呼ばれている小惑星である。平均すると木星と同じ角速度で動くことになる。また，太陽，木星，トロヤ群の中心がちょうど正三角形になっている。トロヤ群の小惑星の運動は，太陽，木星，小惑星の3つの天体がお互いの重力の作用での運動を扱う問題（三体問題）において，1つの特殊解となっている。（海王星の軌道よりも遠いところに多数発見されている小天体については第12章で学ぶことにする。）

　小惑星の運動であるが，基本的には太陽の引力に支配されて太陽の周りを楕円軌道で動いている。ただし，惑星からの引力も受けて軌道が変

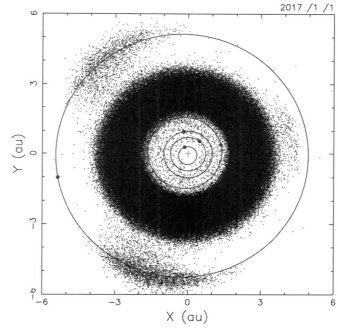

図11-1　小惑星の分布
　軌道が正確にわかっている小惑星のうち40万個について2017年1月1日の時点の位置を黄道面に投影した図。中心が太陽で，軌道は内側から水星・金星・地球・火星・木星である（auは天文単位）。

（作成：吉川真）

わっていく。特に，小惑星が惑星にかなり接近すると軌道が大きく変わる。また，小惑星の運動の仕方が木星の運動と特別な関係にあると，やはり軌道が大きく変わることがある。この特別な関係にはいくつかの種類があるが，例えば，木星の公転周期と小惑星の公転周期が3：1のような簡単な整数比になる場合である。このような関係のことを尽数関係と呼ぶ。また，このような現象のことを共鳴（レゾナンス）と呼ぶ。

小惑星帯の中では，木星との公転周期の比が4：1，3：1，5：2，7：3，2：1となる軌道長半径の位置には小惑星が少ない。これは，このことを最初に指摘した天文学者の名前をとって，カークウッドギャップと呼ばれている。逆に小惑星帯の外側（太陽から遠い側）では，共鳴が起こるところに小惑星が集まっている。3：2のところに集まっている小惑星をヒルダ群，4：3のところをチューレ群と呼び，すでに見たトロヤ群は1：1共鳴となる。カークウッドギャップに対応するような共鳴に小惑星があると，地球などの内側の惑星の軌道と交差するような軌道に変わる。そのために，惑星に衝突して消滅したり，惑星に接近しすぎて軌道が変わってしまったりして，元の軌道から無くなっていくことになる。そのために，ギャップになっているのである。群の方は，共鳴状態にあることによって木星との接近を避けることができ，そのために安定して存在できることになる。

　さらに，小惑星の分布を見てみると，軌道長半径，軌道離心率，軌道傾斜角が似た小惑星のグループがあることもわかる。このようなグループを「族（ファミリー）」と呼ぶ。族は，おそらく元々は1つであった小惑星が衝突で多数の小惑星に分裂したものではないかと考えられている。族を最初に発見したのは，日本人の天文学者の平山清次（1874～1943）で1918年のことである。

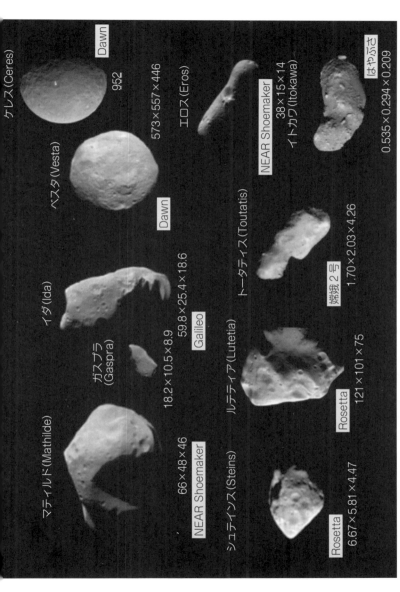

図11-2 探査機によって撮影された小惑星

数値はそれぞれの小惑星の3軸の長さ(ケレスは直径)を示す(単位は km)。小惑星の画像の下に撮影した探査機名を記してある。(出典:マティルド, ガスプラ, イダ, ベスタ, ケレス, エロス:NASA, シュテインス, ルテティア:ESA, トータティス:中国国家航天局, イトカワ:JAXA)

（3）小惑星の性質

　最近は，小惑星の探査がずいぶん進んできたため，小惑星についての知識が飛躍的に増大した。図11-2に，これまで探査機が訪れた小惑星を示す。ほとんどは，小惑星の近くを通り過ぎるときにデータを取得するフライバイ観測であるが，米国の「ニア・シューメイカー」（1996年打ち上げ）によるエロス探査と「ドーン」（2007年打ち上げ）によるベスタとケレス探査は小惑星の周りを回る周回探査になっている。さらに「はやぶさ」（2003年打ち上げ）はイトカワに着陸しその表面物質を持ち帰る世界初の小惑星サンプルリターンミッションに成功した。

　図11-2を見ればわかるように，小惑星の表面はクレーターで覆われているのが普通であるが，イトカワのみ，その表面が大小多数の岩で覆われており，それまでの小惑星のイメージを大きく覆した。これは，イトカワの大きさが約500 mと他に比べて非常に小さいことによる。小惑星のクレーターは天体が衝突してきたことによってできたものであるが，そもそも小さなイトカワには大きなクレーターはあり得ない。逆に，イトカワは小さくて引力が弱いために，レゴリスで覆われていない小惑星の表面を見ることができる。イトカワは，惑星を作った最も基本的な単位に近い天体だと言ってよい。

　小惑星は太陽の光を反射して光っているわけであるが，その光のスペクトルを調べるといくつかのタイプに分けることができる。これは，表面物質の組成や粒子の大きさなどの違いを反映したものである。イトカワはS型と呼ばれるタイプの小惑星であるのだが，S型は後に述べる「普通コンドライト」と呼ばれる隕石の母天体であると考えられていた。「はやぶさ」がイトカワを探査し，その表面物質を持ち帰ったことによって，確かにS型小惑星が普通コンドライトの母天体であることが確認された。さらに，イトカワの表面が宇宙風化を受けていることも明ら

かになった。宇宙風化とは，太陽からの放射線や隕石の衝突によって天体の表面物質が変質することである。

「はやぶさ」以外の探査でも多くの興味深い事実がわかってきた。たとえば，「ドーン」は2015年にケレスに到着したが，その表面に白く明るく輝く点を発見した。この白く光る物質は炭酸塩鉱物である可能性が指摘されている。

イトカワがS型であると述べたが，他に代表的なタイプとしてはC型，D型，M型などがある。S型の小惑星は，主にケイ素質の岩石でできており，小惑星帯で太陽に近い領域に多く分布している。C型は，炭素質の岩石を多く含むと考えられており，有機物もかなり含まれていると思われている。小惑星帯の中では，太陽から遠い方に多く存在する。「はやぶさ2」は，C型の小惑星であるリュウグウを探査しサンプルを持ち帰る予定である。また，米国の「オサイリス・レックス」がサンプルリターンを行おうとしている小惑星ベヌはB型に分類されているが，これはC型小惑星に近い性質の天体である。これら2つのミッションは，太陽系誕生時の有機物について調べることを目的にしている。

さらに木星軌道付近にあるトロヤ群小惑星にはD型と呼ばれる別の種類の小惑星が多く存在している。また，M型と呼ばれる小惑星もあり，金属質で鉄やニッケルを多く含むものと考えられている。これは，惑星に成長しかけたところで破壊されて，惑星のコアとして金属が集積したものが小惑星となっているものではないかと注目されている。米国の「サイキ」は，M型小惑星を目指す（探査機については第13章を参照）。

3. 彗星

（1）彗星とは

　彗星は，その表面からガスや塵が放出されるのが確認された小天体である。小惑星とは違って，夜空で目立つ場合もあるため昔から注目されてきた。ただし，昔はいつ出現するのか予測できない天体でもあり，不吉なことの前兆となる天体であると考えられたこともあった。また，彗星は地球の大気上層部で起こる現象であると言われたこともあった。

　彗星が太陽の周りを回っている天体であることがはっきりしたのは，イギリスの天文学者エドモンド・ハリー（1656-1742，ハレーとも表記する）の研究による。彼は，過去に観測されたいくつかの彗星の軌道が極めて似ていることを発見した。そして，それらが同一の天体であるとし，次にその天体が現れる年を予測したのである。ハリーはその予測の結果を見ずしてこの世を去ってしまったが，予想通りに彗星が現れ，その彗星がハリー（ハレー）彗星として知られるようになったのである。次回，ハリー彗星が太陽に接近するのは2061年になる。

（2）彗星の軌道とその起源

　現在までに，軌道が算出された彗星は4000個ほどあるが，その出現の仕方から周期彗星と非周期彗星の2つに分類できる。周期彗星とは，周期的に太陽に接近する彗星であり，太陽の周りを楕円軌道に沿って運動しているものである。これに対して非周期彗星とは，一度だけ太陽のそばを通過して二度と戻ってこない彗星のことである。非周期彗星の軌道は，放物線や双曲線の軌道となっている。

　周期彗星は，公転周期200年を境にして，短周期彗星と長周期彗星に分けられる。200年という数字に特に深い意味は無いのであるが，

200年よりも短い周期を持つ彗星の場合，比較的規則的に周回してくるのに対して，200年より長い軌道を持つ場合には，周回ごとに周期が少し異なる場合がある。彗星の場合，周回ごとに周期が異なることがあるのは，その表面からガスや塵がジェットとして吹き出すことで軌道が少し変化するからである。なお，長周期彗星と非周期彗星とを合わせて長周期彗星と呼んでしまうこともある。

　便宜的に分けた短周期彗星と長周期彗星であるが，軌道分布を見ると異なる傾向があることもわかる。短周期彗星では，その軌道の面が惑星の軌道面に比較的沿っていることが多い。つまり，短周期彗星はその分布が円盤状なのである。ところが，長周期彗星の軌道分布を見ると，いろいろな方向に向いている。別の言葉で言えば，長周期彗星は四方八方から太陽の方向に飛行してくるのである。このことより，短周期彗星の起源は，惑星の軌道に沿った円盤内にあるが，長周期彗星については太陽を取り囲む球状の領域から来ていると言える。彗星の起源は，おそらく太陽系初期にできた微惑星であろうと思われるが，その分布が短周期彗星と長周期彗星で異なるのである（**第12章参照**）。

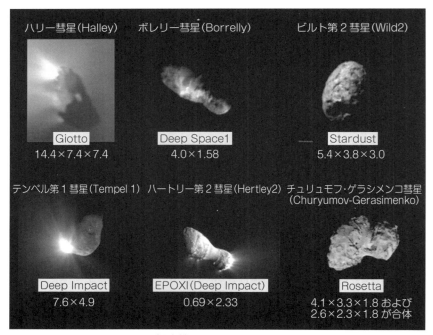

図11-3 探査機によって撮影された彗星の核
　数値はそれぞれの小惑星の3軸・2軸・1軸の長さを示す（単位km）。彗星の画像の下に撮影した探査機名を記してある。
　（出典：ハリー彗星，チュリュモフ・ゲラシメンコ彗星：ESA，ボレリー彗星，ビルト第2彗星，テンペル第1彗星，ハートリー第2彗星：NASA）

（3）彗星の構造と性質

　彗星は，天球上で非常に大きく見えることもあるが，その中心は核と呼ばれている固体の小天体である。ガスや塵を吹き出していなければ，小惑星と変わらない。図11-3に，探査機で撮影された彗星の核を示す。欧州宇宙機関（ESA）の「ロゼッタ」（2004年打ち上げ）はチュリュモフ・ゲラシメンコ彗星の核の周りを周回し着陸機も降ろしたが，他はフ

ライバイ探査である。また、米国の「スターダスト」（1999年打ち上げ）は、ヴィルト第2彗星の近くを通り過ぎたときに彗星から放出された塵を捕獲し、地球に持ち帰るというサンプルリターンを行った。「ディープインパクト」（2005年打ち上げ）は、探査機をテンペル第1彗星に衝突させ、人為的に塵をまき散らしてその様子を観測した。

彗星本体（核）は、太陽に近づいて熱せられるとその表面が蒸発しはじめる。蒸発したガスは、核の周りに広がり薄い大気となるが、これを「コマ」と呼ぶ。コマとは、ラテン語で"髪の毛"のことである。そして、太陽輻射圧（太陽の光の圧力）や太陽風（太陽からのプラズマの流れ）によって放出された塵やガスが吹き流されたものが「尾」である。図11-3では、ハリー彗星とハートリー第2彗星が太陽の熱によって表面から塵やガスが噴出している。

尾には、「塵の尾」（ダストテイル）と「イオンの尾」（イオンテイル）の2種類がある（図11-4）。塵の尾は、その名の通りに彗星から放出された塵が流されたものである。塵も太陽の周りを軌道運動するが、太陽輻射圧などの影響を受けて、彗星本体とは少し違う軌道に移っていく。そのために、塵の尾は曲線状に

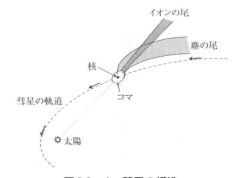

図11-4　彗星の構造
彗星はその本体である核の周りに薄いガスと塵のコマが広がり、さらに塵の尾とイオンの尾が太陽とは反対方向に伸びる。

見えることが多い。一方、イオンの尾は、イオン化したガスでできており、太陽風によって反太陽方向に直線上に延びたものとなる。つまり、

塵の尾とイオンの尾ともに，太陽と反対の方向に力を受けることになるので，彗星の尾は反太陽方向に吹き流されることになるのである。彗星の運動方向の後方に延びているわけではない。なお，ときどき，太陽方向に尾が延びているように見える場合がある。これをアンチテイルと呼ぶが，これは，地球から彗星を見たときの見かけ上のものであり，彗星の尾が太陽方向に伸びることはない。

　彗星の核は，よく"汚れた雪玉"と言われる。これは氷の成分に岩石の細かい粒が混じった状況を指している。氷としては，水（H_2O）の氷に加えて，一酸化炭素，二酸化炭素，メタン，アンモニア，シアン化水素なども含まれている。ただし，最近の探査機で撮影された画像（図11-3）を見ると，表面は岩石で覆われているように見える。これは，揮発性成分は蒸発していくので，蒸発しないものが表面を覆っているものと考えられる。

4．隕石・流星

（1）隕石

　地球には多数の隕石が落ちてきており，昔から隕石の記録は多い。たとえば，1992年には島根県美保関町で重さが6kgほどの隕石が民家の屋根を突き破って落ちてきた。1996年には茨城県つくば市で，細かく分裂した隕石が多数落ちたことがある。少し大きめの隕石としては，2007年にペルーに落ちたものがある。このときには，地上に直径が10mくらいのクレーターができた。さらに，2013年には，ロシアのチェリャビンスクに隕石が落ち，かなり大きな被害が生じた。

　隕石は，その成分により鉄隕石，石鉄隕石，石質隕石の3つの種類に分類されている。鉄隕石は，その名の通りに主に金属鉄からできている

隕石で，ニッケルも多く含んだ鉄ニッケル合金である。また，コバルト，金，白金，イリジウムのような貴金属もわずかながら含まれている。石鉄隕石は，鉄ニッケル合金と石質のケイ酸塩鉱物がまざった成分の隕石である。また，石質隕石は，主にケイ酸塩鉱物からなる。地球に落下してくる隕石としては，石質隕石が9割以上を占め，その中には「普通コンドライト」と「炭素質コンドライト」と呼ばれるものがある。普通コンドライトは「はやぶさ」の探査によりS型小惑星に起源があることが証明された。「炭素質コンドライト」の方はC型小惑星を起源とすると考えられているが，これは「はやぶさ2」で証明されることになる。なお，コンドライトというのは，コンドルールと呼ばれる球粒状構造を持っている隕石のことを指しているのだが，そのような隕石は熱による分化を受けていない天体に由来しており，太陽系の初期の物質にかなり近い物質であると考えられている。

（2）流星

　さらに小さな天体が地球に衝突するものが流星である。流星は，砂粒ほどの小さな天体が地球の大気に衝突して上空100 kmくらいのところで発光する現象である。ときどき流星がまとめてたくさん流れるときがあるが，このような現象を流星群と呼ぶ。8月12日頃のペルセウス座流星群や12月14日頃のふたご座流星群などがよく知られているものである。また，2000年前後には，しし座流星群がたくさん流れた。流星のもとになる物質は，小惑星や彗星から放出された塵であると考えられているが，これらの天体から放出された塵はしばらくの間はその母天体となる彗星や小惑星とほぼ同じ軌道上を運動している。そのような塵の流れに地球が突入すると流星群が生じるのである。流星群に属していない流星も多く，そのようなものを「散在流星」と呼ぶ。散在流星も，その

元をただせば，どこかの彗星や小惑星の表面から出た塵であると考えられている。

5. 太陽系小天体と人類

（1）天体の地球衝突

月を望遠鏡で眺めてみると，無数と言ってよいほど多くのクレーターを見ることができるが，このクレーターの大部分は天体の衝突によって作られたものである。当然ながら地球にも天体が落ちてきているはずであるが，一見する限り地球上にはクレーターがあまり見られない。これは，地球上にできたクレーターは，時間が経つと消えてしまうためである。消えてしまう理由は，雨や風で風化されてしまうのに加えて，地球の表面はプレート運動でいずれは地下に潜ってしまうということもある。現在，150個ほどの衝突クレーターが発見されている（図11-5）。

図11-5　アリゾナの隕石孔
約5万年前に隕石の衝突によってできた。直径約1200 m，深さ約170 mのクレーター。アメリカのアリゾナ州にあるのでアリゾナの隕石孔と呼ばれている。このクレーターを最初に研究した研究者の名前をとって，バリンジャー・クレーターと呼ばれることもある。

（写真提供：PPS通信社）

1908年，シベリアで大きな爆発があり，そのために2000 km^{2}もの森林が倒された。その木の倒され方を見ると，ある1点から爆風が伝わっていったかのように倒されている。その後の調査により，この爆発は，直径が60 m程度の小天体が地球にぶつかったことによるものと考えら

れるようになった。この爆発の威力は，広島に落とされた原子爆弾の2000個分とも言われるほど大きい。このシベリアでの爆発のことを，爆発地点付近を流れる川の名前をとって"ツングースカ大爆発"と呼んでいる。幸いにも人がほとんど住んでいない場所への天体衝突であったので，人的被害はほとんどなかったという。

　それから100年以上経った2013年，ロシア・チェリャビンスクに隕石が落ち，100 km以上に広がる領域で建物に被害が生じ，1500人以上の人が負傷した。このときに落ちてきた隕石は，大きさが20 mかそれ以下と推定されている。

　このように，天体が地球に衝突すると，大きな災害となりうる。例えば，直径1 kmくらいの小惑星が衝突すると，マグニチュード10に近い地震が起こるし，もし海に落下すれば落下地点から1000 km離れたところで高さが100 mにもなる津波が押し寄せるという推定もある。このような衝突が起こる確率は小さいのであるが，ひとたび起こると大変なことになるので，天体衝突に備えるスペースガード（あるいはプラネタリー・ディフェンス）という活動が国連レベルでも始まっている。スペースガードでは，まずは観測によって地球に衝突する天体を探し出す。そしてもしそのような天体が発見されれば，衝突回避を試みることになる。幸いにして今のところ，地球にすぐぶつかってくるような天体は発見されていないが，今後もスペースガードの活動は重要である。

　ところで，さらに大きな天体衝突が今から約6600万年前に起こったと言われている。6600万年前と言うと，ちょうど恐竜が滅んで，地質年代が中生代から新生代に移り変わったときである。このときは恐竜だけではなく，多くの生物種が絶滅した。その原因であるが，最も有力なものとして，直径が10 kmくらいの天体の衝突が挙げられている。天体の衝突により，地球の環境が変わってしまって，その環境変化に耐えら

れなかった生物が絶滅したというのである。逆に言えば，その環境変化に耐えた生物が現在，地球上で繁栄しているものと言える。この説がただしければ，6600万年間に衝突したたった1つの小惑星が，人類誕生のきっかけを作ったとも言えるのである。

（2）宇宙資源としての太陽系小天体

　小惑星や彗星といった太陽系小天体は，太陽系の起源や進化を調べるときに重要な役割を果たすし，上記のように地球に衝突してくる天体としては地球に大災害をもたらす天体でもある。そして，さらにこれらは人類に役立つ天体でもあるのである。

　すでに述べたように，小惑星の中には金属でできたものもあると考えられている。主成分は鉄やニッケルであるが，レアメタルなども含まれているであろう。また，彗星には水が多量に含まれている。これらの天体を地球に持ってきて利用することも考えられるが，人類が宇宙空間に進出したときに，その場で利用する宇宙資源としてより重要なものとなろう。

　別の観点としては，有人小惑星ミッションがある。人類はこれまで月には行った。次に人類が目指しているのは火星である。しかし，火星への有人ミッションはまだまだ技術のハードルが高い。そこで，地球に接近している小惑星に人類を送ったらどうかという議論が進んでいる。火星よりは遙かに近いが，月よりは遙かに遠いところにまずは人を送ってみて，火星に行くための練習としようというわけである。

　以上のように，太陽系小天体は，いろいろな側面から今後の人類にとって重要な天体になる可能性が高い。

引用・参考文献

渡部潤一他編『太陽系と惑星』（シリーズ現代の天文学　第9巻）日本評論社，2008
長沢工著『流星と流星群』地人書館，1997
日本スペースガード協会著『大隕石衝突の現実』ニュートンプレス，2013

12 | 太陽系の果て

吉川　真

《目標&ポイント》 海王星の軌道付近やその外側に，多数の小天体が発見されている。冥王星も含めてこれら太陽系外縁天体の特徴を把握するとともに，より遠方にあると考えられているオールトの雲など太陽系の最遠部について理解することが目標である。
《キーワード》 冥王星，太陽系外縁天体，エッジワース・カイパーベルト，オールトの雲

1. 冥王星

(1) 発見から準惑星までの経緯

　冥王星の発見から準惑星に至るまでの経緯は，第1章で説明されているが，ここでもう一度，少し詳しく見ておこう。
　天王星の動きを説明するために未知の惑星の存在が予測されて1846年に発見されたのが海王星であるが，同様なことが海王星の軌道についても考えられた。つまり，海王星の外側にも惑星があり，その引力が海王星の動きに影響を与えているのではないかという考えのもとに，1900年代初めに新たな惑星の位置が予測されたのである。そして，アメリカのローエル天文台のトンボーが，1930年についに新しい惑星を発見した。これが，冥王星（英語でPluto）である。
　発見された冥王星は，観測が進むにつれて，実は小さな天体であるということがはっきりしていった。つまり，海王星の軌道に与える影響が

顕著に見えるほどにはならないのである。したがって，海王星の軌道の振る舞いから冥王星を探すことは，本来は不可能であった。冥王星が発見されたことは偶然だったと言ってよい。また，その軌道は他の惑星の軌道面からはかなり傾いているし，軌道の離心率も大きく，海王星の軌道の内側まで入り込むような軌道になっている。大きさは小さいし軌道も惑星らしくはないのであるが，その位置には冥王星しか存在していない。それで，軌道が他の惑星とは違うという問題はあったものの，冥王星は第9番目の惑星となった。ただし，やはり冥王星は惑星らしくないという考えはくすぶり続けていた。

　1992年に画期的な発見があった。冥王星の軌道領域に新たに小天体が見つかったのである。この天体には，1992 QB1という小惑星の仮符号が与えられた。冥王星の軌道領域に他の小天体があるということ自体は新発見というわけではない。後で見るように，彗星ならば，多数の天体が冥王星の軌道領域を横切っている。しかし，彗星ではなくて小惑星と分類される天体が冥王星の軌道領域で発見されたのは1992 QB1が初めてである。後述するが，1992 QB1のような天体を「太陽系外縁天体」と呼ぶ。

　問題は，その後の展開である。1992 QB1のような小天体が，次々と発見されるようになったのである。そのために，1990年代後半には，冥王星を小惑星に再分類したらどうかという議論が起こった。ちょうど小惑星の確定番号が10000に近づいていたこともあり，冥王星を小惑星として10000番の確定番号を与えたらどうかとも議論された。しかし，国際天文学連合は1999年，冥王星を惑星から外すことはしないとする声明を発表したのである。

　太陽系外縁天体の発見が進むにつれて，より大きな天体が次々に発見されるようになった。そして，ついに恐れていた事態が発生した。冥王

星よりも大きい天体が発見されたのである。2003年に発見された2003 UB313という天体は，その大きさを推定したところ，冥王星よりも大きい可能性が高いということになったのである。この天体は，後にエリス（Eris）と名付けられることになるが，エリスを第10番目の惑星にすべきなのか，それとも冥王星を惑星ではないとすべきなのか，大論争が始まった。

論争は2006年8月の国際天文学連合の総会の場で決着された。最初は，冥王星は惑星のままにして，エリス，ケレス，そして冥王星の衛星カロンを惑星とするという案が出された。これは惑星を3つ増やして12個にするという案であり，大きな議論が巻き起こった。そして，結局，冥王星は惑星ではなく「準惑星（dwarf planet）」という新しいタイプの天体に分類されることになったのである。惑星の数はそれまでの9個から8個に減った。また，その議論の中で，惑星そして準惑星の定義が決められたのであるが，これは第1章に記載されているとおりである。

このようにして，1930年に発見された冥王星は，その惑星の地位を約76年で追われることになった。さらに，第11章でも述べたように，冥王星には134340番という小惑星の確定番号も付与された。もちろん，冥王星が惑星であろうがなかろうが，冥王星そのものは何も変わらないのであるが。

（2）冥王星の特徴

ここで，冥王星についてわかっていることをまとめてみよう。冥王星の軌道長半径は約39.6 auであり，太陽の周りを約248年で1周している。近日点距離は約29.6 au，遠日点距離は49.6 auと太陽からの距離は大きく変化する。つまり，軌道の離心率が大きいのである（離心率は0.252）。軌道傾斜角は約17.1度である。離心率や軌道傾斜角は惑星としては最も

大きい値となっており，この軌道の観点からはそもそも冥王星を惑星ではないとした方が理解しやすい。

　冥王星の赤道半径は約1185 kmであり，地球の月の平均半径が1737 kmであるから，冥王星は月よりも小さいのである。したがって，地球から冥王星を見ると非常に暗く14等星程度である。ちなみに，冥王星よりも大きいというエリスは，軌道長半径が67.7 auほどあり，地球から見たときの明るさは19等くらいとなる。

　冥王星には5つの衛星が発見されている。1978年に発見されたカロン（Charon）は半径が600 kmほどあり，冥王星の半径との比が2：1ほどになる。これは，連星のような二重天体と見なしてもよいものである。なお，冥王星の自転周期は約6.39日であるが，これは，カロンが冥王星の周りを回る公転周期と等しい。これは，地球で言うと静止軌道にある人工衛星と同じである。つまり，冥王星の表面にいると，カロンは常に同じ方向に静止して見えることになる（反対側にいるとカロンを全く見ることができない）。

　カロン以外の4つの衛星は2005年に発見されたニクス（Nix）とヒドラ（Hydra），2011年に発見されたケルベロス（Kerberos），そして2012年に発見されたスティクス（Styx）である。これらの4つの衛星はいずれも小さく，大きさは16－66 km程度である。ちなみに，これら衛星の名称は，ギリシャ神話で冥界に関係したものである。

　冥王星は太陽から遠いために，その表面温度は低く，−230 ℃程度と考えられている。したがってその表面はすべてが凍り付いた世界と考えられていた。氷の成分は，メタン，窒素，一酸化炭素である。地上にある大型の望遠鏡やハッブル宇宙望遠鏡によって冥王星の観測は行われていたが，ニュー・ホライズンズによる探査が行われる以前は，詳しいことはあまりわかっていなかった。そのニュー・ホライズンズによって，

「凍りついた世界」という冥王星の概念ががらりと変わることになる。

図12-1　冥王星（左）と衛星カロン（右）
ニュー・ホライズンズの撮影による。

（出典：NASA）

（3）ニュー・ホライズンズミッション

　2006年1月，まだ冥王星が惑星だったときに，米国が「ニュー・ホライズンズ」という探査機を打ち上げた。ニュー・ホライズンズは，木星でその引力を利用して加速をするスイングバイをし，2015年7月14日に冥王星に最接近した。最接近の前後で冥王星やその衛星を詳細に観測し（フライバイによる観測），そのまま太陽から離れつつある。

　ニュー・ホライズンズによって，我々は初めて冥王星とその衛星の素顔を見ることができたが，それはまさに予想外の衝撃的なものであった。ニュー・ホライズンズが撮影した冥王星の写真を図12-1に示す。これを見て，まず，冥王星の表面が変化に富んでいることがわかる。冥王星というと太陽から非常に遠いところにあり，まさに酷寒の地であ

る。そのようなところにある天体は単に凍り付いているだけで何も変化していないだろうというのが暗黙の常識だった。ところが，冥王星表面には平らな氷の平原もあれば，うろこ状の模様が見られるところもある。巨大な裂け目もあれば，高さが3500 mもあるような氷の火山もある。地質活動があり，地質学的には生きていると言ってよい（図12-2）。

　冥王星の大気についての観測も行われた。ニュー・ホライズンズ以前は，冥王星には窒素を主成分とする大気が多量にあると考えられていたが，実際には大気の量は予想ほど多くなかった。また，宇宙空間に大気が逃げ出す量も予想されたほど多くはないこともわかった。

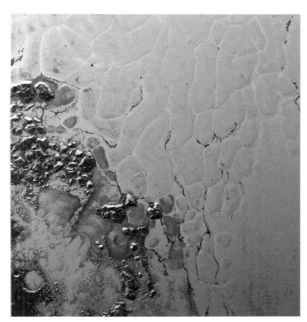

図12-2　冥王星の表面の様子
冥王星の表面は変化に富んでおり，山々もあれば不思議な模様の氷の平原もある。
（出典：NASA）

衛星カロンも驚きの天体であった（図12-1）。カロンの表面も変化に富んでおり，色の違いがあったり，深いひび割れがあったりする。カロンにも地殻変動があるのである。特にカロンの暗く赤い極冠は，冥王星から逃げ出してきた大気がカロンに蓄積したものかもしれない。カロン以外の小さい衛星の撮影にも成功したが，これらはいびつな形をしていた。

ニュー・ホライズンズは，2015年7月14日に，14 km s^{-1}の相対速度で冥王星のそばを一瞬で通り過ぎてしまったわけであるが，そのときに観測されたデータをすべて受信し終わったのは2016年10月である。距離が遠いために通信に時間がかかったのである。探査機そのものは飛行を続けており，2019年1月1日に別の太陽系外縁天体であるアロコスにフライバイし観測を行った。

（4）冥王星と海王星との関係

軌道の図（第1章 図1-7）を見ると，冥王星は海王星と交差しているように見えるので，誰しもこの2つの天体が衝突しないかと心配するであろう。実際の軌道は，同じ平面内にあるのではなく立体的になっているので，冥王星と海王星の軌道は立体交差になっている。つまり，このままの軌道を保つ限り衝突しないのではあるが，お互い引力で引き合うわけであるから，接近すると軌道が変わってしまって，衝突する可能性も出てくる。ところが，冥王星が存在していること自体，海王星と衝突しないことを証明しているのである。これはどのようなメカニズムになっているのであろうか？

実は，海王星と冥王星の公転運動には特別な関係があるのである。それは，公転周期の比がちょうど2：3になっているのである。別の言葉で言うと，海王星が太陽の周りを3回公転するときに冥王星が2回公転

する関係になっているのである。これを公転運動における共鳴現象と呼ぶ（あるいは，平均運動共鳴とも呼ぶ）。海王星の方が速く動くので冥王星を追い越していくことになるが，このような共鳴が起こっていると，海王星が冥王星を追い越す場所は特定の場所に限られることになる。その特定の場所というのが軌道が近接するところでなければ，冥王星と海王星はお互いあまり近づかないことになる。まさにこのようなことが冥王星と海王星の間に起こっており，そのために，冥王星と海王星とが衝突することを心配する必要はないのである（図12-3）。

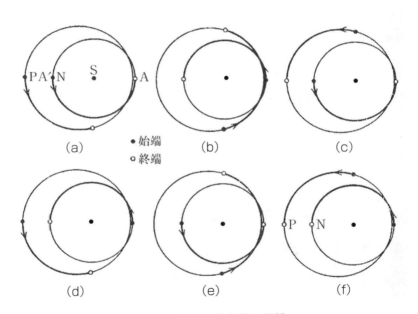

図12-3　冥王星と海王星の関係
　Nが海王星でPが冥王星である。最初，(a)のように両惑星が並んでいたとする。海王星が半周してA'からAに移動すると，冥王星は1/3周するので(b)のようになる。さらに海王星が半周して元に戻ると，(c)のようになる。その後，「(d)→(e)→(f)」と進むので，冥王星と海王星が軌道が重なっているA付近ですれ違うことがないことがわかる。つまり，互いに接近を避けることができるのである。

2. 太陽系外縁天体

(1) 太陽系外縁天体とは

　少し前までは，太陽系というと冥王星までで，その外側には彗星やその起源となる天体が存在するだけと考えられていた。ところが，前節で述べた1992 QB1の発見を皮切りにして，次々と彗星ではない小天体が発見され，2020年末の時点では，軌道が海王星軌道付近より外側に存在する彗星ではない小天体は約4000個発見されている。このような天体を太陽系外縁天体と呼ぶ。図12-4にその分布の様子を示す。

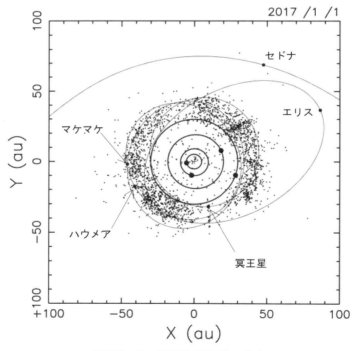

図12-4　太陽系外縁天体の分布

　軌道長半径が30天文単位以上である小惑星の2017年1月1日の時点の位置を黄道面に投影した図。軌道を描いた天体は，内側から木星，土星，天王星，海王星と，4つの準惑星とセドナである。

(作成：吉川真)

このように多数の天体が発見されてくると，新しいグループ分けもなされている。最も主要なグループは，「エッジワース・カイパーベルト天体」と呼ばれるものであり，軌道長半径が海王星の軌道長半径（約 30 au）より大きく，48 au 程度以下の天体である。海王星の引力の影響を強く受けて，海王星と共鳴状態になっているものも多い。これよりも軌道長半径が大きな天体は，「散乱円盤天体」と呼ばれる。軌道長半径は 48–400 au であるが，近日点距離が 40 au 以下で，近日点付近では海王星の引力の影響を受けるものである。さらには，より近日点が遠方になる「エクステンデッド・スキャッタード・ディスク天体」（日本語訳はまだないが，遠方散乱円盤天体とでもなろうか）というような，近日点が 40 au 以上もあるような天体もどんどん発見されてきている。その例が後述するセドナという天体である。

　散乱円盤天体は，その名前が示しているように，エッジワース・カイパーベルトから外側に散乱された天体だと考えられている。一方，内側に散乱された天体もあり，そのような天体は「ケンタウルス族」と呼ばれている。ケンタウルス族の天体の多くは，軌道長半径が土星（約 10 au）と天王星（約 19 au）の間にある。

　「太陽系外縁天体」とは，エッジワース・カイパーベルト天体とそれより遠方にある散乱円盤天体などを総称したものなのである。英語では，これをトランス・ネプチュニアン・オブジェクト（TNO：Trans-Neptunian Object）と呼び，日本語で「海王星以遠天体」と呼ばれたこともあった。では，どこまで太陽系外縁天体が広がっているかであるが，最遠はオールトの雲までということになる。オールトの雲についてはこの後で説明するが，長周期彗星のもとになる天体が存在していると仮定された領域である。したがって，彗星も海王星軌道より遠方にあれば太陽系外縁天体と呼んでよいが，彗星としての活動が観測された天体

は彗星に分類されることになる。

(2) エッジワース・カイパーベルト天体

　1950年前後から，海王星の軌道の外側からより遠方には，惑星の公転面を延長した平面に沿って多数の小天体が分布するはずであると言われていた。この天体のことをカイパーベルト天体あるいはエッジワース・カイパーベルト天体と呼び，その天体が分布する領域がエッジワース・カイパーベルトである。この名称は，アイルランドの天文学者であるエッジワースとアメリカの天文学者のカイパーとが，1950年前後にこのような天体の存在を提唱したことにちなんでいる。

　実際のエッジワース・カイパーベルト天体はしばらく発見されなかったのであるが，最初の発見が1992年の1992 QB1であったわけで，すでに述べたように，その後同様な天体が続々と発見されてきた。

　太陽系外縁天体の発見数が増えてくるにつれて，その軌道分布に特徴があることがわかってきた。最も目立つ特徴は，冥王星のように海王星と公転周期における共鳴関係にあるものがたくさん存在するということである。「海王星：太陽系外縁天体」の公転周期の比としては，2：3だけでなく，1：2，3：4，3：5などの共鳴にある太陽系外縁天体もある。ただし，2：3の共鳴にあるものが圧倒的に多く発見されており，これらの天体を冥王星族と呼ぶ場合もある。

　このような共鳴状態にはないものも多く，その典型例が最初に発見された1992 QB1である。このような共鳴状態にはない太陽系外縁天体をキュビワノ族と呼ぶこともある。キュビワノという呼び名は，仮符号のQB1（キュービーワン）からきている。

（3）散乱円盤天体

　エッジワース・カイパーベルト天体の外側にもどんどん天体が発見されるようになり，そしてついには遠日点距離が 900 au を超えるような小天体すら発見された。その1つが図12-4に軌道の一部が示されていたセドナ（Sedna）である。セドナは，2003年にアメリカのパロマー天文台の望遠鏡で初めて観測された。観測されたデータを解析して軌道を求めてみたところ，近日点距離が約 76 au で遠日点距離が約 899 au もあるような細長い軌道上を回っていることがわかった。軌道長半径は 488 au ほどであり，その軌道を一周する公転周期は，10000年余りとなる。この軌道としては，散乱円盤天体に分類されることもあるが，上述したようにさらに別の種類の軌道とした方がよいという議論もある。

　セドナは，発見されたときには太陽から 90 au のところにあった。これは，太陽－海王星の距離の3倍にもなる。その直径は，1700 km とも言われているが，このような天体が太陽からこのように離れたところにまで分布しているということは驚きである。ところで，セドナという名称であるが，北米の北に住む原住民のイヌイットの神話の海の女神セドナに由来して名付けられている。セドナは，北極海の底の非常に冷たい海水の中に住んでいると伝えられているが，小天体のセドナの方もその表面温度は非常に低いと思われるので，この名前に決まったのである。

　散乱円盤天体やセドナのようなそれ以遠にある天体の軌道を図12-5に示す。観測が進むにつれて，この図に示されているような大きな軌道を持つ小天体がどんどん発見されるようになった。このように惑星領域から遙か遠方に伸びるような軌道をもつ天体というと，以前は彗星と決まっていた。彗星は太陽に近づいてきて明るくなったときに発見され，その軌道を調べてみると遙か彼方から来ていることがわかったわけである。最近では，観測技術が進んだために，彗星とならない天体でもこの

ように多数発見されるようになったのである。

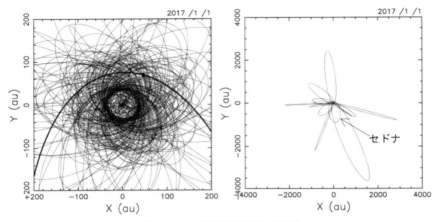

図12-5 散乱円盤天体の軌道

　左側の図は，遠日点距離が100天文単位以上の太陽系外縁天体の軌道を描いたものである。太い軌道は，セドナの軌道を示す。さらに，遠日点距離が800天文単位以上となる外縁天体の軌道を描いたものが右の図となる。

(作成：吉川真)

(4) 太陽系の果てへ

　太陽系の果てとはどこを指すのであろうか。惑星系の果てということなら，海王星軌道である太陽から約30 auが太陽系の果てとなるし，エッジワース・カイパーベルトならば，観測からは100 auくらいが果てになるであろう。散乱円盤天体については，さらに遠方になる。セドナのようなさらに遠方にまで達する天体も発見されるようになり，2020年の時点では，遠日点距離が3000 au程度のものも発見されている。

　このように非常に遠方まで達する軌道をもつ天体があること自体は，

以前から知られていた。それは彗星である。第11章で述べたように，彗星には公転周期が200年より短い短周期彗星と，それより長い長周期彗星とがある。これらは単に公転周期が異なるだけではなく，その軌道の分布にも違いがある。試みに，彗星がどの方向から太陽に近づいてきたのかの図を描いてみると図12-6のようになる。この図では，短周期彗星については，太陽からみた遠日点の方向を，また一度だけ太陽の近くを通り過ぎるような双曲線軌道にある彗星については近日点と反対方

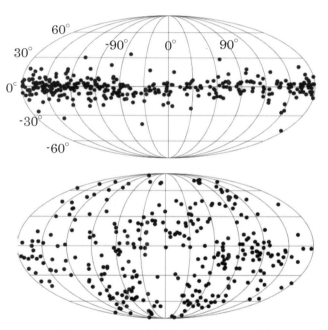

図12-6　彗星が太陽に接近してくる方向
　上の図は，回帰が確認されている短周期彗星（楕円軌道）について，太陽からみたときの遠日点の方向を示す。下の図は，双曲線軌道にある彗星の反近日点方向を示す。黄道座標系で表示されているので，緯度0°が黄道面に対応する。

（作成：吉川真）

向（反近日点方向）が示されている。

　図12-6をみると明らかなように，短周期彗星は黄道面つまり惑星の公転面に近い方向から太陽に接近してきている。つまり，惑星の公転面を延長したところに短周期彗星の起源があると考えられ，エッジワース・カイパーベルトが提唱されたわけである。そして，観測が進んだおかげで，エッジワース・カイパーベルトは実際に発見された。

　一方，長周期彗星（図12-6では双曲線軌道の彗星）はいろいろな方向から太陽付近にやってくる。オランダの天文学者のオールトは，1950年に，このような長周期彗星の起源として太陽を大きく取り囲む領域の中にその元になる天体が存在しているのではないかと考えた。その領域の大きさは半径が1万auから10万auであるという。この領域のことを，提案したオールトにちなんで「オールトの雲」と呼んでいる。ただし，このオールトの雲については，まだ観測では確認されていない。

　ちなみに，10万auというと約1.6光年という距離に対応する。太陽に最も近い恒星は，プロキシマ・ケンタウリと呼ばれているケンタウルス座 α 星の伴星であるが，太陽からの距離が約4.2光年である。つまり10万auというと，隣の星までの距離の半分近い距離ということになり，太陽の重力圏の範囲とも言ってよい。このオールトの雲がもし存在するのなら，そこが太陽系の本当の果てと言ってよいであろう。

13 | 太陽系探査技術と今後の展開

吉川　真

《目標＆ポイント》　近年の宇宙探査機による探査によって，太陽系天体の理解が飛躍的に進んだ。本章では，これまでの太陽系天体探査ミッションを概観したうえで，探査に必要なロケットや探査機の技術の基本的事項について学習する。また，今後の太陽系天体探査がどのような方向に向かっているのかについても理解する。
《キーワード》　人工衛星，太陽系探査機，ロケット，探査

1. 太陽系天体探査の歴史

（1）宇宙を見る

　最初は肉眼だったが，1600年代初めに望遠鏡で天体を見るようになってから宇宙の理解が急速に進んだ。そして，1800年代に写真という技術が開発されると，天体の観測にも応用されるようになり，長時間の露光で暗い天体まで見ることができるようになった。さらに，20世紀になると電波をはじめとして，赤外線，紫外線，X線，ガンマ線と，可視光以外の電磁波でも宇宙を"見る"ことができるようになった。最近では，ニュートリノのような素粒子や宇宙線，一般相対性理論で予言されていた重力波の観測もできるようになった。このように新しい技術を使うことにより，我々の宇宙の理解はより遠くの天体へとどんどん広がっていったのである。
　しかし，世界で最も大きな望遠鏡でも，太陽系天体という最も近い"宇

宙"を見るには不十分なのである。望遠鏡で惑星の模様が見えたと言っても，詳細な地形は大望遠鏡を使ったとしても見ることができない。小惑星に至っては，大望遠鏡で見てもほとんど"点"である。つまり，太陽系天体を詳しく調べるには，現地まで行く必要がある。現在では，ロケットそして人工衛星・太陽系探査機が開発されたことにより，太陽系天体については現地まで行って詳細に調べることが可能となった。

図13-1　世界初と日本初の人工衛星
　1957年に打ち上げられた「スプートニク1号」（左）と1970年に打ち上げられた「おおすみ」（右）。
（出典：スプートニク1号:NASA，おおすみ:JAXA）

（2）人工衛星から惑星探査へ

　世界で初めての人工衛星は，1957年に当時のソビエト連邦（旧ソ連）が打ち上げた「スプートニク1号」である（図13-1）。直径が約58cmの球形で84kgほどの人工衛星が，初めて地球を周回する軌道に乗った。これが，まさに宇宙時代の幕開けとなった。そして，それからたった2年後の1959年には，旧ソ連の「ルナ1号」が月に接近しており，その後，多数の探査機が月に送られることになった。1969年には，米国の

「アポロ11号」による有人の月面着陸が成功し，1972年の「アポロ17号」までの合計6回，有人月面着陸を行った．その後も，月には多数の無人探査機が送られている（月については，第5章を参照）．

月よりもはるかに遠い惑星については，まず1962年に米国の「マリナー2号」が金星の近くを通過するフライバイに成功した．また，1965年に米国の「マリナー4号」が火星フライバイにも成功している．金星や火星は探査機を送りやすい天体であるので，その後も多数の探査機が送られている．主な探査機を挙げると，旧ソ連が打ち上げた「ベネラ7号」は，1970年に金星着陸に成功した．これは，惑星への初めての着陸である．また，1989年に米国が打ち上げた「マゼラン」は，レーダーによって金星のほぼ全面の地形を明らかにしている．火星については，さらに多彩なミッションが行われている．1976年には，米国の「バイキング1号・2号」が火星着陸に成功した．1997年には，やはり米国の「マーズ・パスファインダー」がローバー（天体の上を移動する装置）を火星表面に降ろすのに成功した．その後も米国はより大型のローバーを火星に降ろして探査を進めている（金星・火星については，第6章，第7章を参照）．

金星と火星以外の惑星になると，送られた探査機の数は極端に少なくなる．これは技術的に難しくなるためである．木星以遠の惑星を訪れた探査機としては，1972年と1973年に打ち上げられた米国の「パイオニア10号・11号」，そして1977年に打ち上げられた米国の「ボイジャー2号・1号」（打ち上げは2号が先）がよく知られている．このうち，「ボイジャー2号」のみが天王星と海王星をフライバイしている．なお，木星以遠の惑星の周回機となった探査機は，木星探査機の「ガリレオ」（1989年打ち上げ）と「ジュノー」（2011年打ち上げ），そして土星探査機の「カッシーニ」（1997年打ち上げ）のみである（木星・土星・天王

星・海王星については，第8章－第10章を参照）。

　一方，最も太陽に近い水星も探査機を送りにくい天体であり，水星を訪れた探査機は1973年に打ち上げられた「マリナー10号」と2004年に打ち上げられた「メッセンジャー」という米国の2つのみで，「メッセンジャー」の方は周回機となった（水星については，第6章を参照）。

　月や惑星以外では，彗星や小惑星にも探査機が送られている。最初の本格的な彗星探査機は，欧州宇宙機関（ESA）が1985年に打ち上げた「ジオット」で，1986年に回帰してきたハリー彗星（ハレー彗星）の核をはっきりと確認できた。また，初めて小惑星の素顔を見ることになったのは，木星探査機「ガリレオ」が1991年に小惑星ガスプラをフライバイしたときであった（小惑星・彗星探査については，第11章を参照）。

　「スプートニク1号」から約60年が過ぎた現在（2017年），月，すべての惑星（地球以外の7つ），合計20個ほどの彗星と小惑星，そして準惑星に分類されたケレス（第11章）や冥王星（第12章）に探査機が送られた。

（3）日本の太陽系天体探査

　日本で初めて打ち上げられた人工衛星は，1970年の「おおすみ」で（図13-1），その15年後の1985年には「さきがけ」と「すいせい」がハリー彗星に送られた。これらが，日本で初めて地球の重力圏から飛び出した太陽系探査機である。1990年には，「ひてん」が月に送られ，天体の引力を使って軌道制御をするスイングバイという技術の実証が行われた。

　1998年には，日本で初めての太陽系探査機として火星探査機「のぞみ」が打ち上げられたが，火星に向かう途中でトラブルがあり，火星周回軌道に乗ることができずに，2003年末にミッション断念ということになってしまった。2003年には，小惑星探査機「はやぶさ」が打ち上げられ，いくつかの大きなトラブルに見舞われながらも小惑星イトカワ

まで行ってその表面物質を持ち帰るという小惑星サンプルリターンミッションに世界で初めて成功した。

　2007年には，月探査機「かぐや」が打ち上げられた。「かぐや」は，その質量が3トン近くあり，本体の大きさも5m近くになる大型の月周回衛星で，15個の観測機器で月を調べた。また，2つの小さな衛星を分離して，月の精密な重力場の推定などを行った。

　「のぞみ」に続く2つめの惑星探査として，2010年に金星探査機「あかつき」が打ち上げられた。「あかつき」は，約半年で金星に到着したが，到着時にエンジンのトラブルがあり，またしても周回軌道に乗ることができなかった。しかし，その後も運用が続き，2015年に再び金星に接近したときに金星周回軌道に乗ったのである。その後，金星の観測を行っている。「あかつき」と一緒に，「イカロス」という小型の探査機が打ち上げられたが，これはソーラーセイルという太陽光の圧力（太陽輻射圧）を使って軌道制御を行う探査機であるが，惑星間空間において世界で初めて成功した。

　2014年には，「はやぶさ」の後継機である「はやぶさ2」が打ち上げられた。「はやぶさ」はサンプルリターンという往復探査の技術を実証するのが主目的であったのであるが，「はやぶさ2」では有機物を含んでいる小惑星を探査して，生命の原材料物質を調べるということが主目的である。「はやぶさ」等で生じたトラブルに対応して，より確実な探査技術を目指すことも目的である。「はやぶさ2」と一緒に，「プロキオン」という小型の探査機も打ち上げられた。これは，質量が約65kgであり，太陽系探査機としては例外的に小さい。このような小さな探査機でも，惑星間空間で運用できることが実証された。以上のように，日本が打ち上げた太陽系探査機はこれまでのところ10機程度しかないが（図13-2），欧米など海外では行われていないような探査に挑戦している。

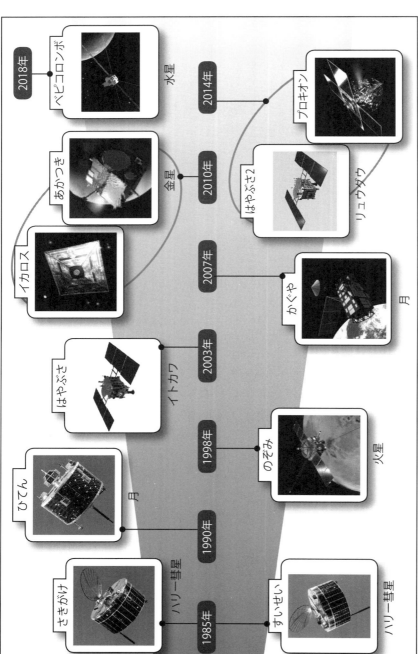

図13-2 日本の太陽系探査機

日本が打ち上げた太陽系探査機のすべてを示す。楕円で囲まれた探査機は、同じロケットで同時に打ち上げられたものを示す。天体名は探査対象の天体である。
(出典：さきがけ、すいせい、ひてん、はやぶさ、かぐや、イカロス、はやぶさ2、あかつき、はやぶさ2/池下章裕)
イラスト提供：あかつき、はやぶさ2/池下章裕)

2. ロケットの技術

（1）宇宙に行くには

　宇宙に行くには，ロケットが不可欠である。ロケット以外の手段としては「軌道エレベータ（宇宙エレベータ）」というものも検討されている。これは，赤道付近から静止衛星までをケーブルで結んで，それを伝ってエレベータを宇宙まで上昇させようとするアイディアである。静止衛星は，気象衛星「ひまわり」などがよく知られているが，赤道上空の約36000 kmの高度にあり，地球の自転周期（約24時間）と同じ周期で地球の周りを公転している。したがって，赤道上の特定の地点の上空に常に存在していることになる。地表からその静止衛星までワイヤーで繋ぐことができれば，このようなことも可能かもしれないが，現時点ではまだ技術的に不可能である。ただし，カーボンナノチューブ（六角形に並んだ炭素原子で円筒型の構造をつくっているもの）というような強い強度を持つ物質が作られるようになったこともあり，実現に向けた研究は進められている。いずれにしても，現時点では宇宙に行くにはロケットを使うしかない。

（2）ロケットの歴史

　世界で最初のロケットが何かはわからないが，西暦1232年の漢民族とモンゴル民族との戦いでは，火箭（かせん）と呼ばれるロケット花火のような武器として使われたという記録がある。宇宙に行くロケットとしては，例えば19世紀後半にフランスの作家ジュール・ヴェルヌ（Jules Verne）が書いた「月世界旅行」という小説に描かれているものがある。巨大な大砲で，人間が乗り込んだ砲弾を月に撃ち込もうというようなストーリーである。

最初にロケットを科学的に研究した人は,「宇宙旅行の父」とも呼ばれるロシアのコンスタンチン・ツィオルコフスキー（1857-1935）である。現在,「ツィオルコフスキーの公式」として知られているロケットの質量の変化と加速の関係を表す公式を発表したり, 多段式ロケット, 液体燃料ロケット, 軌道エレベータというようなアイディアを出したりしている。「地球は人類のゆりかごである。しかし人類はゆりかごにいつまでも留まっていないだろう」という言葉は, 彼の名言である。

　実際にロケットの打ち上げ実験を行ったのは, 米国のロバート・ゴダード（1882-1945）である。ゴダードは, 1926年に最初の液体燃料ロケットを打ち上げ,「ロケットの父」と呼ばれている。その後, 旧ソ連では, セルゲイ・コロリョフ（1907-1966）が, またドイツではヴェルナー・フォン・ブラウン（1912-1977）がロケットの開発を進めた。しかし, それは弾道ミサイルという戦争のための兵器としての開発だった。第二次世界大戦が終わると, ロケットは宇宙に向かうことになるが, それは同時に米国とソ連との間の宇宙開発競争になっていくのである。

　日本初のロケットは, 1954年に東京大学生産技術研究所において糸川英夫（1912-1999）の主導で開発された。全長が23cmで重さが200gほどの小さなロケットで,「ペンシルロケット」と呼ばれた（図13-3）。1955年3月に水平方向に発射する実験が行われたが, これが日本のロケット開発の幕開けとなった。

図 13-3　ペンシルロケット
ペンシルコケットを持つ糸川英夫(左)とペンシルロケットの実験風景(右)。
(出典：JAXA)

　その後，ロケットの大型化が進むことになる。ペンシルロケットの発射実験直後の1955年8月には全長1mを超えるベビーロケットの発射実験が行われた。その後，カッパーロケットの開発が進められ，1956年から1988年まで打ち上げが行われた。特に，1958年に打ち上げられたK（カッパー）－6型3号機では，高度50 kmまで上昇して日本で初めて高層物理観測に成功した。これは，国際地球観測年（IGY）に合わせて行われたものである。カッパーロケットはその後も能力を増し，到達高度は700 kmを超えるまでになった。

　カッパーロケットより能力を上げて高度1000 kmを目指すロケットとして開発されたのがラムダロケットである。1970年に打ち上げられたL（ラムダ）－4Sロケット5号機で，すでに述べた日本初の人工衛星「おおすみ」を打ち上げた。ラムダロケットに続くミューロケットは，1960年代から開発が始まっていた。1985年に「さきがけ」がハリー彗星へと向かったが，これはまさにM（ミュー）－3SIIロケットによる

ものであった。その後，M-Vロケットまで開発が進み，電波天文衛星「はるか」に始まって「はやぶさ」など天文観測衛星や太陽系探査機が打ち上げられた。しかし，2006年の太陽観測衛星「ひので」の打ち上げを最後にM-Vロケットは廃止され，より小型で低コストのイプシロンロケットの開発に移ったのである。イプシロンロケットは，その1号機が2013年に打ち上げられ，惑星分光観測衛星「ひさき」を地球周回軌道に乗せた。

　以上は固体燃料ロケットであるが，1970年からは液体燃料ロケットの開発も始まり，日本初の人工衛星打ち上げ用の液体燃料ロケットであるN-Ⅰロケットが，1975年に打ち上げられた。その後，H-Ⅰロケット，H-Ⅱロケットと開発が進み，2017年現在では，H-ⅡAおよびH-ⅡBロケットが日本の主力ロケットとして，大型の人工衛星の打ち上げや宇宙ステーションへの物資輸送を行っている。

（3）ロケットの仕組み

　ロケットの打ち上げを見れば分かるように，ロケットはガスを噴射することによって上昇していく。自分自身の質量を放出することで，放出した方向と反対の方向に進んでいくわけである。質量を放出するときに高速で放出すればするほど，自分自身が得る速度は大きくなる。これは，物理学でいうと運動量保存の法則で説明できるものである。

　似たものとしてジェット機がある。ジェット機も高速でガスを噴射することで飛行するわけであるが，ロケットと異なる点は空気を取り込んで燃料を燃焼させているところである。また，ジェット機のような飛行機は，空気の中を高速で移動することにより空気から揚力を受けて飛行している。つまり，空気がないとそもそもジェット機は飛ぶことはできない。

これに対して，ロケットは真空中でも飛行できる。これは，ロケットには燃料以外に酸素も積まれているためである。ロケットに積んである酸素あるいは酸素と同じ役割をする物質のことを酸化剤と呼ぶ。つまり，ロケットは燃料と酸化剤を搭載しており，これらをあわせてロケットの推進剤と呼んでいる。日本のH-IIAロケットでは，燃料は液体水素，酸化剤としては液体酸素を搭載している。

　推進剤が固体か液体かによって，ロケットは固体燃料ロケットと液体燃料ロケットに区分される（図13-4）。最近では，大型ロケットは液体燃料であることが普通である。液体燃料ロケットは，推力を変えたり，燃焼を中断して再開したりするようなこともできるが，エンジンの構造は複雑になる。一方，固体燃料ロケットでは，いったん燃焼を開始したら推力を調整することは難しい。ただし，ロケットの構造は液体燃料ロケットに比べると簡単になるし，推進剤の取り扱いも楽である。固体燃料ロケットは，液体燃料ロケットの補助ロケットとして使われることも多い。なお，例えば燃料が固体で酸化剤が液体というようなハイブリッドロケットも開発が進められている。

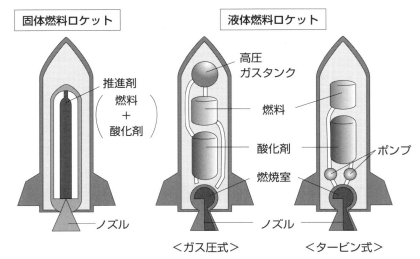

図13-4　ロケットの仕組み

　固体燃料ロケット（左）では、固体の燃料と酸化剤が燃焼する。液体燃料ロケットでは、液体の燃料と酸化剤（たとえば、液体水素と液体酸素）が燃焼する。液体を押し出す方式として、高圧ガスを使うものとタービンを使うものがある。

（出典：JAXAの図をもとに改変）

　ロケットは、打ち上げられたあと、分離しながら飛行していくことが多い。分離しない場合を単段式ロケット、2つに別れる場合を2段式、3つに分かれる場合を3段式などと呼ぶ。ロケットエンジンを燃焼させて加速をするわけであるが、燃焼が終わったら必要がない部分を切り離して身軽にして、さらに加速をしていこうというアイディアである。地球を周回する人工衛星に比べてより大きな加速が必要な太陽系探査機では、3段式、4段式のロケットが使われることが多い。

　新しいタイプのロケットとして、再使用ロケットの開発が進められている。これまでのロケットは一度きりしか使えない「使い捨て型ロケッ

ト」であった。スペースシャトルが例外で，何度も宇宙を往復できる機体として1981年から宇宙に行っていた。しかし，打ち上げ費用が高額になるため，2011年7月の打ち上げを最後にスペースシャトルは退役した。この約30年の間に135回打ち上げられたが，2回の事故を起こし乗り組んでいた宇宙飛行士が亡くなっている。その後，スペースシャトルのような軌道船ではなくて通常のロケットを再使用する挑戦がなされている。

3. 探査機の技術

(1) 人工衛星と太陽系探査機

　宇宙に打ち上げられるものを，「人工衛星」とか「太陽系探査機」と呼ぶ。「衛星」や「探査機」というように短く省略されて呼ばれる場合もある。これら2つの言葉の使い分けであるが，地球の周りを周回するものが人工衛星であり，地球の重力圏から飛び出していくものが太陽系探査機である。これは，太陽は除いて，惑星などの天体の周りを周回するものを「衛星」と呼ぶためである。ただし，例えば火星の周りを周回するような場合，「火星人工衛星」と呼んでもよいのであるが，「火星探査機」というような言い方をすることが多い。「太陽系探査機」の代わりに「惑星探査機」という場合もあるが，小惑星や彗星などのような，惑星ではない天体に行く場合もあるので，ここでは「太陽系探査機」という言葉を使うことにする。人工衛星と太陽系探査機を合わせて，「宇宙機」という呼び方もする。

(2) 宇宙機の仕組み

　宇宙機は機械であるわけであるが，地上にある機械と大きく異なる点は，一度打ち上げられたら普通は二度と人の手に触れることはないとい

うことである。ハッブル宇宙望遠鏡では，打ち上げられてから5回ほどスペースシャトルで宇宙飛行士が訪れて修理などを行っているが，これは例外である。普通は，一度打ち上げられると，修理もできなければメンテナンスもできないし，燃料補給などももちろんできない。それなのに，何年もあるいは何十年も機能し続けなければならない。この点が，宇宙機の制作において最も難しい点である。

　宇宙機は多くの機器で構成されているが，これらの機器は大きく2種類に分けることができる。「バス機器」と「ミッション機器」である。「バス機器」の方は，宇宙機の運用に必要な装置で，宇宙機の目的にかかわらずほぼ共通して搭載されている機器である。「ミッション機器」の方は，各宇宙機の目的を達成するために搭載されるもので，宇宙機によって異なることになる（図13-5）。

　バス機器としては，太陽電池やバッテリーなどの電源，アンテナや通信機器など通信のための装置，軌道や姿勢を変えるためのエンジン，精密に姿勢制御を行うためのセンサーや制御装置，ヒーターや放熱板といった熱制御を行う装置，さらにコンピュータ等のデータ処理装置などが挙げられる。これらは，どれが欠けても宇宙機運用に重大な支障をきたすものである。しかし，打ち上がった後は上述したように故障しても修理できないのが普通であるので，仮に何かの装置が故障した場合でも運用が続けられるようにいろいろな工夫がなされている。例えば，同じ装置を2台搭載するような冗長系を組んだり，あるいは目的が異なる装置であっても，互いの機能を補完できるような工夫をしたりする。

　ミッション機器の方は，宇宙機の目的ごとに異なる。例えば，惑星の高分解能の写真が撮影したい場合には，高性能のカメラを搭載するし，表面から物質を採取したい場合には，そのための装置を搭載する。これらがミッション機器である。

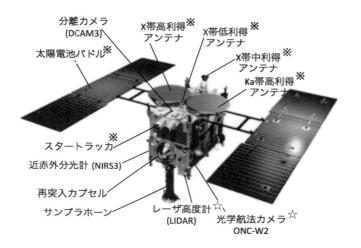

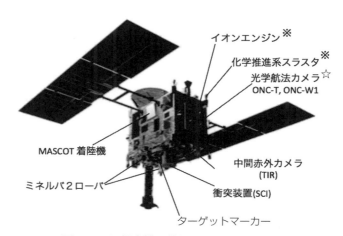

図13-5　探査機の仕組み

「はやぶさ2」探査機のいろいろな装置。※印がバス機器。☆印は，バス機器とミッション機器を兼ねたもの。探査機の内部にも多くの機器がある。

(出典：JAXA)

(3) 地上系

　宇宙機の打ち上げなどでは，どうしてもロケットや宇宙機本体に注目しがちであるが，宇宙機を運用するための地上の施設なども非常に重要である。宇宙機を運用するための地上の施設のことを地上系と呼んでいる。たとえば，日本では太陽系探査機の運用は主に，神奈川県相模原市にある宇宙航空研究開発機構宇宙科学研究所で行われているが，太陽系探査機と通信するために長野県佐久市に直径が64 m，また鹿児島県肝属郡肝付町に直径が34 mのアンテナがある。これらのアンテナに，宇宙科学研究所から探査機に送る命令（コマンド）が送信され，逆に探査機からの情報（テレメトリ）がこれらのアンテナで受信されて宇宙科学研究所に送られるのである。このような通信以外に，探査機の現在の位置・速度（軌道）を推定する軌道決定や，今後探査機の軌道をどのように制御したらよいかを決める軌道設計などの作業も重要である。

4．太陽系天体探査の動向

(1) 探査の形態

　すでに言葉としては述べられているが，太陽系天体を探査機で探査するときに，フライバイ，ランデブー，サンプルリターンと呼ばれる手法がある（図13-6）。フライバイは目的の天体の近くと通り過ぎるときに観測を行うものである。最も行いやすい手法なので，太陽系天体探査の初期の頃から最近に至るまで，多数のフライバイ探査が行われている。なお，天体に接近してその引力を利用して軌道を変更する場合をスイングバイと呼ぶ。

　ランデブー探査は，探査機が目的の天体に到着しそこに留まるもので，普通はその天体の周りを回る周回機（オービター）となる。「はや

ぶさ」のように小惑星上空をホバリングして周回しない場合もある。目的の天体に到着したときに速度を制御する必要があるのでフライバイよりも高度な技術が必要になる。目的の天体表面に着陸する場合もあるが，着陸のためにはより高度な技術が必要となる。

そして，さらに地球に戻ってくると往復探査ということになるが，特に目的の天体の物質を地球に持ち帰るものがサンプルリターンである。飛行しながらサンプルを採取する場合と，天体に着陸して採取する場合がある。サンプルリターン探査は非常に高度な技術が必要となり，月より遠いところまで行ってサンプルを採取してきた探査機はこれまで3機のみである。まず，米国の探査機ジェネシスが太陽風に含まれている粒子を採取して2004年に地球に帰還した。また，同じく米国の探査機ス

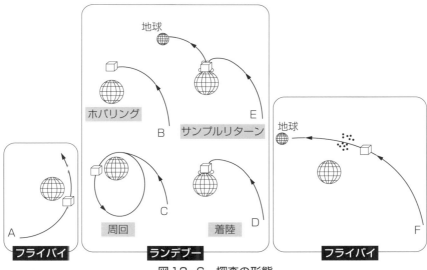

図13-6　探査の形態

天体のそばを通過するフライバイ(A)。天体に到着し，ホバリング(B)，周回(C)，着陸(D)。サンプルを地球に持ち帰るサンプルリターンで，着陸して物質を採取する場合(E)，飛行しながら採取する場合(F)。なお，B，C，D，Eはランデブーである。

ターダストが, ビルト第2彗星が放出した塵を採取し2006年に地球に帰還した。そして, 日本の「はやぶさ」が小惑星イトカワからその表面物質を地球に持ち帰ったのが2010年である。「はやぶさ」は他の2つのサンプルリターンとは異なり, 対象の天体に着陸して地球に戻ってくるという世界初の探査を行った。

（2）太陽系天体探査の今後

　まず月探査であるが, 1990年代以降はその数は減っているが, 日本, 欧州宇宙機関, 中国, インドなど, 米国とロシア（旧ソ連）以外の国や機関が月に探査機を送るようになった。特に中国の「嫦娥3号」(2013年打ち上げ) は, 月面着陸にも成功している。

　今後も月には探査機が継続して送られることになると思われるが, その理由の1つとして, 月資源の利用がある。注目されているのは月面にあるヘリウム3（陽子2個, 中性子1個の原子核からなるヘリウム）で, 核融合の原料となるものである。また, 鉱物資源や水も存在すると考えられており, 将来, 月面に基地を作りそこを拠点として宇宙開発を行うという可能性もある。また, 地球の6分の1という重力や, 天体観測（大気がないことによるメリットあり）, 月の裏側（地球から見えない側）における電波天文観測（地球は電波で"汚染"されている）など, いろいろな月の利用が考えられている。

　惑星探査については, 火星は今後も注目され続けるであろう。その理由は, 火星には生命が存在していたか, あるいは存在している可能性があるし, 人類が訪れることが可能な惑星であるからである（第14章参照）。火星移住という話すら議論され, さらには火星の環境を地球と同じようなものに作りかえるという"テラフォーミング"という話もある。現状では, 移住やテラフォーミングは難しいと思われるが, 少なく

ともそのような可能性が議論できる惑星が火星なのである。地球外生命という観点では，木星や土星の衛星に生命の存在の可能性が指摘されており（第10章参照），今後の更なる探査が期待される。

　彗星や小惑星といった太陽系小天体の探査の今後であるが，まず小惑星については，「はやぶさ2」が小惑星リュウグウでの探査を終えて，2020年12月にサンプルを地球に持ち帰り，さらに別の小惑星を目指してミッションを継続している。また，2016年には米国の「オサイリス・レックス」が，やはり小惑星サンプルリターン目的で打ち上げられた。オサイリス・レックスはベヌという小惑星を探査し，2023年に地球に帰還する予定である。

　さらに，米国は，金属でできていると思われる小惑星プシケにランデブーする「サイキ」，複数個の木星トロヤ群小惑星をフライバイする「ルーシー」を計画しており，これらは2020年代から2030年代にかけて成果が得られる予定である。このように太陽系小天体についても，今後，いろいろな探査ミッションが計画されている。

　さらに今後注目すべき探査は，太陽系外縁天体への探査であろう。準惑星という分類になった冥王星には，米国のニューホライズンズ探査機が2015年7月にフライバイした（第12章参照）。かつて"第9惑星"と呼ばれた冥王星の姿を，ついに見ることができたのである。太陽系外縁天体の領域には，まだまだ未知の世界が広がっている。

参考文献

武部俊一著『宇宙開発の50年』朝日新聞社，2007
NEC「人工衛星」プロジェクトチーム著『人工衛星の〝なぜ〟を科学する』アーク出版，2012
寺薗淳也著『惑星探査入門』朝日新聞社，2014

14 | 地球外生命
宇宙に生命がいるのは地球だけか

渡部　潤一

《目標＆ポイント》 天文学および惑星科学は，どちらも急速に進歩しつつあり，我々地球以外の生命の存在を確認できる段階にきつつある。天文学分野においては，太陽系外の恒星の周囲を公転する惑星（系外惑星）が普遍的に存在することが確実となり，地球に極めて似た惑星の候補も少なくないことが分かりつつある。太陽系の惑星科学分野においては，火星だけでなく，巨大ガス惑星の衛星群の地下に海が存在する証拠が見つかりつつある。地球外生命の存在が確認されるのは，それほど遠くないと感じさせる，これらの状況を紹介し，太陽系内および太陽系外において，地球外生命の可能性を考察する。

《キーワード》 系外惑星，ハビタブルゾーン，アイボール・アース，バイオマーク，火星，エウロパ，エンケラドゥス

1. 地球外生命の可能性

　現在，我々人類は，地球以外に生命が存在することを確認していない。太陽系で地球以外の天体に，オリジナルな生命が存在すれば，あるいは太陽系以外の恒星のまわりを周回する惑星に生命が存在すれば，それはどちらも「地球外生命」ということになる。地球外生命が，どのような形態か，あるいは地球のように炭素をキーとする成分とするかどうかもわからないところだが，少なくとも地球の生命を鑑みれば，地球と同じような環境があれば，同じような生命が生まれ，進化しているのではないか，と考えるのは自然である。では，そのような環境が宇宙のど

こかで実現しているのか，あるいは生命を育む材料があるのかについて考えてみよう．

（1）　生命の材料はあるのか

　生命の材料はアミノ酸，タンパク質であるが，こうした有機分子を分解していくと酸素，窒素，炭素，水素が主成分であることがわかる．これらの元素の起源については，天文学がすでに明らかにしている．宇宙初期から存在する水素を除くと，残りの元素は全て恒星の中で合成されてきた．恒星の中は物質がぎゅうぎゅうに詰まった状態で，その中心部では凄まじい圧力によって高温・高圧になっている．そのため，恒星の中では水素が核融合し，まずヘリウムが作られる．そのヘリウムがある程度たまってくると，さらにヘリウムが核融合して，炭素や窒素や酸素などの生命の材料やケイ素などの地球型惑星の材料が生まれる．質量の軽い恒星と重い恒星では最終的な核融合の生成物と，そのばらまき方に差があるものの，宇宙に生成物をばらまくことは同じである．特に重い恒星の場合，中心部では最終生成物として鉄が生まれ，恒星はやがてその鉄の重さに耐えきれなくなり，重力崩壊する．このときの重力崩壊が引き金となった大爆発が「超新星爆発」で，このときに鉄よりも重い元素が一気に生まれる．

　こうして生まれた水素以外の元素は，次世代の星々に引き継がれる．次世代として生まれていく恒星のまわりでは，恒星になれなかった物質が原始惑星系円盤を形成し，その中で惑星が生まれる．恒星の周りに塵やガスが円盤を作り，その円盤の中で砂粒同士がぶつかって小石になり，小石同士がぶつかって岩になり，岩同士がぶつかって小さな天体になり，小さな天体同士がぶつかって惑星が形成されていくのである．

　46億年前，太陽系も宇宙が誕生してから何世代も世代交代をしたガ

スと塵の雲から生まれた。すでに前の世代の恒星が作ってくれた物質，すなわち生命の材料を含む物質が十分な量，存在していた。地球も月も生命も，前の世代の恒星たちが残してくれた星の欠片からできている。その意味では，恒星さえ輝き，世代交代をしていれば，生命の材料は宇宙のどこにでも存在している。地球は，生命にとって材料から見れば特別な場所ではない。つまり，生命の材料は地球に特別に豊富だというわけではない。

（2） 水はあるのか

地球の生命にとって，必須と思われている物質の代表が水である。水分子は酸素原子一つと水素原子二つが結合した物質である。水素は宇宙初期から存在し，また前節で述べたように酸素は恒星の中で生成される。そのために，水という物質も宇宙のどこにでもかなり普遍的に存在する。

しかし，水という物質が存在したとしても，地球の海のように液体で存在するとは限らない。液体という状態は実は宇宙では，かなり特殊である。宇宙の大部分は冷たい空間であり，大量の水がまとまってあったとしても，凍り付いて氷，つまり固体となってしまう。太陽系の中で言えば，彗星が良い例である。彗星は，通常は太陽から遠くにあるので，凍ったままであるが，太陽に近づき暖められると，氷は液体にならずにそのまま揮発・蒸発して，尾を引くようになる。周りが真空であるために，圧力がかからず固体の氷から水蒸気になってしまう。これを昇華と呼ぶ。つまり，水という物質が液体になるためには，適切な温度と圧力が必要である。地球は太陽に近すぎず，遠すぎずのちょうどよい距離にあり，また適切な大きさだったために，大気圧もほどよく，表面で水が液体で存在できるというわけである。このように恒星からの距離が適切

で，ある程度の大きさの天体の表面で，水が液体の状態で存在できる領域を「ハビタブルゾーン」と呼ぶ。

　恒星には必ずハビタブルゾーンが存在するし，その恒星がきわめて古いものでなければ（宇宙の第一世代の恒星の周りでは生命の材料が無いので），その恒星の周りも惑星や生命の材料があるはずである。とすれば，適切な大きさの惑星さえハビタブルゾーンに存在すれば，そこには生命の可能性があるということを示している。

2. 太陽系外の地球外生命の可能性

（1）続々見つかる「第二の地球」候補

　太陽系以外の恒星の周りを回る惑星を系外惑星と呼ぶ。1995年以来，この系外惑星の発見数はうなぎ登りで，確認されただけでも数千個に上っている。もちろん，あまりに遠方であるため，惑星そのものは数十万倍から数百万倍も明るい恒星のごく近くに存在するために，こうした系外惑星は直接に撮像観測されている例はごくわずかであり，しかもみな巨大ガス惑星のような大型の惑星である。地球のような小型の惑星の場合は，間接的な方法（主に恒星の表面を横切る時に，恒星がわずかに暗くなるトランジット法）で見つかっている。しかも地球型惑星と似た岩石惑星は続々と発見されつつあり，その中にはハビタブルゾーンに存在すると考えられる「第二の地球」候補も，すでに数十個に上る。

　特にアメリカが2009年に打ち上げたケプラー宇宙望遠鏡が大きな成果を上げている。2015年までに5千個近い系外惑星候補を見つけ，そのうち，約50個がハビタブルゾーンにあり，うち5個が地球型惑星であった。例えば，そのうちの一つ，ケプラー62惑星系の例を示そう。ここには5つの系外惑星が見つかっている。そのうち，外側を公転している

ケプラー62eと62fが，恒星の温度と公転軌道から見るとハビタブルゾーンにある。また，トランジットの減光の具合から，これらは地球よりもやや大きな地球型惑星と考えられる。地球よりも大型で，海王星よりも小さい惑星群をスーパーアースと呼ぶことがあるが，スーパーアースのうち，地球の5倍程度までの系外惑星は岩石質であると考えられ，表面に固体の地面を持つ可能性が高く，「第二の地球」候補といえる。この二つの系外惑星も，「第二の地球」候補であり，その表面には液体の水，すなわち海がある可能性が高いと考えられている（図14-1）。

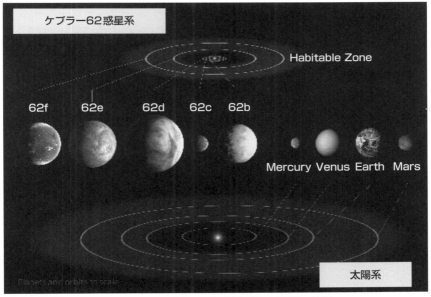

図14-1　ケプラー62惑星系と太陽系の比較
5つの惑星のうち，外側の二つがハビタブルゾーンにある。
（出典：NASA Ames/JPL-Caltech）

（2） 赤色矮星の周囲を巡る系外惑星

　「第二の地球」候補という意味では，環境も大きさも地球に似た惑星を探す上で，これまでは中心の恒星が太陽類似星に注目されがちであった。しかし，実は恒星の中で，太陽のような高温の恒星は多いわけではない。むしろ温度の低い，小さな恒星が大多数を占めている。ケプラー宇宙望遠鏡は，はくちょう座の一角を監視し続けた後，トラブルに見舞われた。観測を中止せざるを得ないと考えられたが，それでも装置は動いていたため，姿勢制御がかろうじて可能であった黄道面に沿って，引き続き観測を継続している。はくちょう座に比較すれば星の数が少ないところばかりで，当初はそれほど期待されていなかったが，これが思わぬ結果をもたらした。星が少ないところでも，小さく暗い星々は相当数に上る。こうして，太陽よりも小さく，温度の低い赤色矮星の周囲に多数の系外惑星を次々と発見していったのである。しかも赤色矮星のごく近く，太陽系で言えば水星よりも内側に相当するような場所で多数の惑星が見つかってきた。太陽のような高温の恒星であれば，こうした領域は当然ながら暑すぎてハビタブルゾーンにはなり得ないのだが，赤色矮星は温度が低いため，むしろ，こうした恒星に近い領域がハビタブルゾーンになる。また，赤色矮星が恒星の多数を占めることを考えれば，むしろ太陽型のような高温の恒星の周りの系外惑星よりも，数で言えば赤色矮星の周りの系外惑星の方が，圧倒的に数が多い可能性が出てきた。同じ割合で赤色矮星のまわりの地球型惑星で，かつハビタブルゾーン内に存在する，「第二の地球」候補も多数を占める可能性が指摘されている。

　ケプラー宇宙望遠鏡の発見に刺激され，地上観測でも赤色矮星に注目した観測が精力的に行われるようになった。その結果，驚くべき事に，地球に最も近い恒星で，なおかつ赤色矮星である，プロキシマ・ケンタ

ウリ（ケンタウルス座プロキシマ星）に，「第二の地球」候補が見つかった。さらに2017年になると，みずがめ座のトラピスト1という恒星の周りにも「第二の地球」候補が一度に3つも発見された。赤色矮星は恒星としては，しばしば大規模なフレアを起こすなど，いささか性格が穏やかでないところもあり，こうした恒星の周囲の地球型系外惑星では大気がはがされて喪失している可能性も指摘されている。その点では，地球外生命の発生にとっては悲観的な考え方もあるが，少なくとも赤色矮星の周囲の「第二の地球」候補が相当数に上ることは確かだろう。

（3） プロキシマ・ケンタウリb

　ヨーロッパ南天天文台が地球に最も近い恒星系であるケンタウルス座アルファ星系に属するプロキシマ星で系外惑星の発見を報告したのは，2016年であった。しかも，その惑星は地球型の可能性が高い上に，ハビタブルゾーンにあると推定された。

　ケンタウルス座アルファ星は，日本からはいささか見にくい南天の一等星である。望遠鏡で眺めると約0等級のA星と，それよりやや暗いB星との連星であることがわかる。このふたつの星の平均距離は土星と太陽の距離程度の11天文単位ほどで，周期80年で公転している。天文学者は長らく，このふたつの恒星の周りで系外惑星を探してきたのだが，いまだに発見されていない。ところが，この星系は遠くに離れてプロキシマ星という3番目のメンバーを持っている。その距離は15000天文単位で，A星とB星の共通重心のまわりを50万年から100万年の周期で公転しているとされている。そして，太陽系からの距離はと言うと，A星B星は4.4光年であるのに対して，プロキシマ星は4.24光年とわずかに近い。したがって，我々に最も近い恒星である。

プロキシマ星は，太陽に比べて小さい赤色矮星であり，その表面温度も低い。見かけの明るさも11等級と肉眼では見ることはできない。直径は太陽の約7分の1，表面温度は3000℃ほどである。そのため，この恒星の周りのハビタブルゾーンは，ずっと恒星に近い場所になる。今回，発見された惑星（プロキシマ星b）も，中心星からわずか0.05天文単位，つまり約750万kmという至近距離を，たった11.2日という周期で公転している。まさに，この星のハビタブルゾーン内なのである。また，今回の発見は，プロキシマ星が惑星の公転運動で揺れ動いている様子を観測する，いわゆるドップラー法という方法で成し遂げられたもので，惑星の質量は下限値しか求められないが，それも地球の1.3倍と地球型惑星である可能性は高い。

　ただ，海を持つ「第二の地球」であるかどうかは議論が分かれている。まず，これだけ恒星に近い惑星だと，恒星からの潮汐力の影響が強すぎるため，自転と公転の周期が一致し，同期している可能性が高い。すなわち地球の周りの月のような状態である。すると，恒星側の半球は暖かく，夜側は常に寒くなる。大気があれば，その差は少なくなるが，昼側半球と夜側半球の中間領域，つまり常に明け方か夕方の状況のような場所が，生命にとってはよさそうである。宇宙から見ると，半分は凍っていて，昼側には海がある様子が，まるで目のように見えるだろうというので，こうした地球型惑星を「アイボール・アース」と呼ぶこともある。

　一方，このプロキシマbには大気が無いのではないか，という説もある。プロキシマ星は，くじら座UV型閃光星という特殊な変光星で，太陽に比べても桁違いの大規模なフレアを発生させ，星の明るさが何倍にもなるだけでなく，太陽の数百倍もの強力な紫外線やX線を発するからである。長年にわたって，こうした過酷な状況にさらされていれば，初

期に存在した大気もはぎ取られている可能性も高い。大気があったとしても，紫外線やX線は生命そのものにとっても危険で，致命的な影響を及ぼしかねない。

　現在，このプロキシマ星に向けた壮大な探査計画も検討されている。スターショット計画というもので，超小型探査機を無数に飛ばし，それらを光速の20％程度まで加速させ，プロキシマ星に向かわせようというものである。最速の宇宙探査機ボイジャー1号でも，その速度（秒速17 km）では66,000年もかかる距離だが，光速の20％だと約21年ほどで到達する計算である。実現が楽しみではある。

（4）　トラピスト1e,f,g

　2017年になると，プロキシマbの発見に続いてのニュースが世界の天文学者を驚かせた。太陽から40光年ほどの距離，トラピスト1と命名された恒星のまわりに，惑星が7つも発見され，そのどれもが地球型だったというのである。しかも，そのうちの少なくとも3つがハビタブルゾーンに存在していた。「第二の地球」候補が一度に3つも発見されたのである。

　トラピストというのは南米チリにある系外惑星の観測に用いられる口径60cmほどの天体望遠鏡の名前で，ベルギーとスイスの天文学者が運用している（トラピストというのは有名なベルギービールの名前でもある）。ケプラー宇宙望遠鏡と同じく，狙った恒星群を連続的に観測し，恒星の前を惑星が横切るトランジット法によって観測を行っている。トラピスト1という赤色矮星を観測し続けたところ，7つもの惑星の存在がわかったと言うのだ。7つの惑星の直径は，地球の0.75倍から1.13倍，密度も地球の0.6倍から1.17倍と，すべてが地球型である。ひとつの恒星のまわりに惑星が7つという数そのものは驚きではないが，そのすべ

てが地球と似ているというのは初めてである。さらに，7つの惑星が恒星を巡る公転周期は1.5日から12.4日ほどで，きわめて恒星に近く，すべてが太陽系で言えば水星よりも内側に密集している。お互いの軌道の距離が近いために，惑星同士の重力が強く作用するようになって，7つの惑星の周期比が整数比となっている。こういう状態を平均運動共鳴状態と呼び，太陽系では木星のガリレオ衛星が同様の状況になっている。この状況だと，それぞれの惑星の自転周期は公転周期と一致していると考えられる。つまり，夜半球と昼半球が存在している。プロキシマbと同じである。

　また，中心星のトラピスト1は太陽の10分の1ほどの赤色矮星なので，表面温度は摂氏2300℃しかない。太陽の約6000℃に比べると，ずっと低いため，7つの惑星のうち，惑星e，f，gが公転しているあたりがハビタブルゾーンに相当する。これらの惑星に大気があれば，どれかの惑星に海が存在するのは確実だろう。昼半球が暖かく，海があり，夜半球が冷たく氷に閉ざされているような，アイボール・アースとなっている可能性が強い。トラピスト1は，大きなフレアは起きそうにない点ではプロキシマbよりも「第二の地球」の可能性は高いかもしれない。そうすると，どれかの惑星に生命が発生しているのではないかと想像が膨らむ。もしかすると，複数の惑星に生命が発生し，それぞれ独自に進化を遂げている可能性も否定できない。惑星ごとに違った宇宙人にまで進化しているとすれば，どうなっているだろう。同じ惑星系で異なる宇宙人の文明が存在する可能性も捨てきれない。実際の宇宙は，我々の想像を遙かに超えている，ということを見せつけてくれた発見であることは確かである（図14-2）。

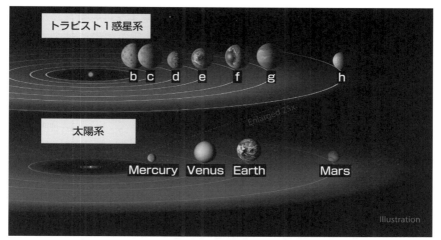

図14-2　トラピスト1惑星系(上)と太陽系(下)との比較
　実際の距離ではなく，トラピスト1惑星系のハビタブルゾーンを太陽系にあわせるように拡大させてある。

(出典：NASA-JPL/Caltech)

(5)「第二の地球」に生命は生まれているのか？

　こうした「第二の地球」候補に大気があるのか，そして地球外生命は存在するのか？　プロキシマbへの直接探査もさることながら，それより先に次世代の大型地上および宇宙望遠鏡で，その謎に迫ろうとしている。その手法は，ごく単純である。トランジット法で発見された系外惑星は，恒星を横切る。系外惑星が横切っていない時期には恒星の光そのものが地球に届く。一方，横切っている時間帯では，系外惑星の大気を通過して届く光が混じる。それらを比較すれば，微妙な差があるはずである。大気があれば，そこを通過してやってくる光は，その波長の一部が欠けるはずだからだ。どの波長が欠けるかを調べることで，大気成分として何が含まれているかがわかる。すでに木星型の系外惑星では，成

分分析に成功している。しかし，地球型惑星はあまりに小さく，その大気層もきわめて薄いため，2017年現在，大気成分の検出には未だに成功していない。この手法で，もし大気成分として酸素やオゾンが見つかれば，それらは地球型生命が進化していることを示す可能性が強い。地球の大気は約二割が酸素だが，この割合は生命活動がないと維持できない。酸素はそのままでは存在せず，様々な物質とすぐに化学結合するからである。そのため惑星の大気の成分の中に酸素やオゾン（酸素原子が三つ結合したもの）が存在すれば，酸素を生み出す生命が進化している可能性が高まる。こうした生命の間接的証拠をバイオマークと呼ぶ。

　現在，世界中の天文学者が，この調査をしたいと願っているが，まだまだ現状の望遠鏡では力不足である。そこで，次世代望遠鏡の建設が着々と進みつつある。アメリカ，中国，インド，カナダ，日本の五カ国共同で，口径30mの超大型望遠鏡TMT（Thirty Meter Telescope）を建設する計画が進んでいる。また，ヨーロッパ南天文台が南米チリに口径39mの超大型望遠鏡（E—ELT）を建設しつつある。アメリカとオーストラリアと韓国も南米チリに口径25mの超大型望遠鏡（GMT）の建設を計画している。2020年代，人類は30m級の望遠鏡を三台持つことになるが，これらによって「第二の地球」候補の内，どのくらいの割合で地球外生命が存在しているかが判明するに違いない。

3. 太陽系の地球外生命の可能性

　太陽系には地球を除くと，表面に海がある天体は存在しない。かろうじてハビタブルゾーンにある，地球の外側の火星には，かつては海があったが，地球よりも小さく，重力が弱く，磁場も弱かったために，大気がはがされ，乾燥した寒い惑星になってしまった。一方，太陽に近い金星は，地球と大きさも似ていたが，太陽に近かったために温暖化が急速に進み，灼熱の惑星となってしまった。その意味では太陽系には地球外生命の可能性は一般的には低そうだ，と考えられてきた。しかし，その可能性が最近になって論じられるようになりつつある。その理由は，極限環境でも生きていける地球の生命が続々と見つかっていること，その類推から火星でも生命の可能性が再び脚光を浴びていること，さらにハビタブルゾーンを大きく外れた天体でも地下の海が続々と見つかっていることである。

（1）　再び動き出した火星での生命探査

　1970年代のアメリカの探査機バイキング1号，2号の着陸探査によって，着陸地点付近の土壌分析が行われたが，微生物すらも存在しない，という結果になり，火星探査熱はしばらく冷めてしまった。しかし，極限生物の研究や，火星に関する認識の変化，さらには火星隕石中に生命の痕跡らしきものが発見されるなど，再び探査熱が高まっていった。アメリカの探査機グローバル・サーベイヤーは，短期間に動く氷河のような地形や，地下から水がしみ出して流れ出した痕跡，その土石流がたまった池のような地形など驚くべき地形を次々と発見していった。液体の水があったのは数十億年以上前という通説を覆し，いまでも地下に存在している可能性を示すには十分だった。21世紀はじめに火星周回軌

道に入ったマーズ・オデッセイは，中性子の観測から，高緯度地方の地下には相当量の氷の存在を示唆した。さらに直接的な証拠は，2004年のマーズ・エクスプロレーション・ローバー2機によって明らかになった。スピリットとオポチュニティと愛称がついた二機は，海が存在した証拠を次々と明らかにした。2008年に火星の北極地方に着陸した探査機フェニックスは，ロボットアームで表面を掘って氷そのものを発見し，大量に眠っていることを明らかにした。こうなると，まだどこかに生命がいる（いた）はずと考える研究者も多くなり，アメリカは2012年，それまでとは桁違いの大型探査車をマーズ・サイエンス・ラボラトリー，愛称「キュリオシティ」を送り出し，生命，あるいはその痕跡を探し続けている。

（2） 巨大ガス惑星の衛星の地下の海

　もうひとつ，太陽系内で地球外生命が期待できる場所が急速にクローズアップされつつある。それが木星の衛星エウロパや土星の衛星エンケラドゥスである。これらの衛星は当然ながら太陽から遠方で冷たく，大気もほとんど無いために生命の可能性は低いとされてきた。ところが，両者には広大な地下の海が存在しており，その環境も地球の深海とそれほど変わらないと思われるようになってきたのである。

　木星の衛星であるエウロパは，その表面は氷で覆われているのだが，クレーターが少なく，無数の亀裂が存在し，地質学的に若いとされてきた。木星の強力な潮汐力により，内部が発熱し，地下に海があるのではないかといわれてきた。様々な間接的証拠はあったのだが，2016年になって，ハッブル宇宙望遠鏡の観測により，エウロパの表面の複数の場所から水が間欠泉のように噴き出しているのが捉えられた。エウロパは3日13時間で木星を公転しているが，遠木点（軌道上で木星から最も離

れた地点）で，噴出が活発になるという。いずれにしろ，地球の海の2倍ほどの水を擁する，広大な海が地下に存在する証拠である。

　土星の衛星エンケラドゥスでも，同様の間欠泉が土星探査機カッシーニ探査機によって発見されている。この間欠泉の噴出物の中には有機物や塩（塩化ナトリウム），炭酸塩が含まれ，さらにナノシリカと呼ばれる物質があることが，日本の研究者を含む研究グループが明らかにしている。ナノシリカはケイ素を含む岩石と海水とが，ある程度の温度で反応してできる。つまりエンケラドゥスの海底はかなり暖かく，海水と岩石とが接している場所がある。この状況は地球の深海底と似ている。

　このように，エウロパやエンケラドゥスの間欠泉の発見は，地球外生命の検出に大いに期待を抱かせるものである。表面の厚い氷を掘り進んで，地下の海に到達する様な探査は不可能だが，表面に吹き出す物質をサンプルするのは可能だからである。噴出物の中に生命起源の有機物や生命の死骸のようなものが含まれている可能性もあるかもしれない。探査が進めば，地球外生命は，火星よりも，これらの衛星で先に見つかるのかもしれない（図14-3）。

図14-3　土星の衛星エンケラドゥスから吹き出す間欠泉
　土星探査機カッシーニが接近して撮影したエンケラドゥスの南半球の一部。大小の間欠泉が吹き出している様子がわかる。

（出典：NASA/JPL/Space Science Institute）

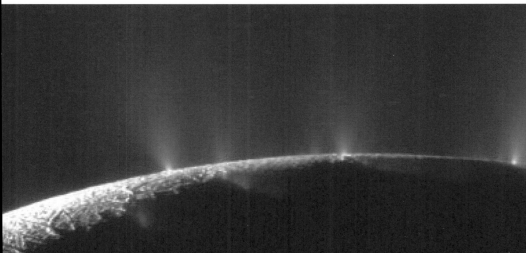

15 | 銀河系の中の太陽系

谷口　義明

《目標&ポイント》 私たちにとって太陽系は「住処」である。そのため，どうしても特別視しがちである。しかし，太陽は銀河系にある多数の恒星の1つであることを正しく認識する必要がある。この講義では銀河系を含む銀河の誕生と進化の過程を概観する。それを理解した上で，太陽系の誕生と進化を宇宙史の観点から理解する。
《キーワード》 銀河系，太陽系，銀河の誕生と進化，星の誕生と進化

1. 太陽系の周辺

（1）太陽系は孤立しているか？

私たちが太陽系のことを考えるとき，太陽系は孤立した系（システム）であるように思いがちである。これは，あながち間違った考え方ではない。次の二つのサイズを比較してみるとわかる。

太陽系の直径（海王星までを含む）= 30 au

太陽から一番近い星[1]までの距離 = 4.3光年

ここで距離の単位を復習しておくと

au（天文単位）= 約1億5000万 km　　1光年 = 約9.5兆 km

である。これらの値を用いると，太陽系の直径と太陽から一番近い恒星

---

[1] 太陽から一番近い恒星はプロクシマ・ケンタウリであり，距離は4.2光年である。しかし，この星はαケンタウリ（ケンタウルス座α星，距離4.3光年）と3重星を成しているので，ここでは距離4.3光年を採用した。

までの距離の比は

$$30 \text{ au}/4.3 \text{光年} = 0.00011$$

という小さな値になる．つまり，太陽系は現時点では周辺の恒星の影響をあまり受けることなく，孤立した系であると考えて良い．

（2）太陽系の尾は何を物語るのか？

近傍の恒星の空間分布だけを考えると，確かに太陽系は孤立系のように見える．しかし，太陽系の周辺にあるものは他の恒星だけではない．ガスもあることを忘れてはならない．それを示す衝撃的なニュースが2013年7月に米国のNASAからリリースされた．太陽系の尾が観測されたのである（図15-1）．

NASAの星間境界探査機IBEX（Interstellar Boundary Explorer）は太陽風として太陽から吹き出された電離ガスと太陽系の周辺にある星間ガスと衝突して高エネルギーの中性原子が放射するX線[2]を観測し，太陽系の尾（ヘリオテイル）を検出することに成功した．長さは約

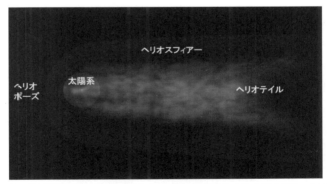

図15-1　IBEX衛星により発見された太陽系の尾（長さは1000auにも及ぶ）
（出典：https://www.nasa.gov/content/nasa-s-ibex-provides-first-view-of-the-solar-system-s-tail より改変）

2）エネルギー範囲は0.1-6 keV．keVはキロ電子ボルトで，1電子ボルトは1V（ボルト）の電位差で電子が得ることができるエネルギー［約1.6×10^{-19} J（ジュール）］である．

1000 auもあるが，オールトの雲の内側にある。

　では，この尾の存在は何を意味するのだろうか？　太陽風は概ね等方的に出るが，太陽は周辺の星間ガスと衝突し，まるで煙がたなびくように，尾が形成される。そのためには，太陽は星間ガスに対してある相対速度を持っていることになる。つまり，太陽は恒星系としては孤立しているように見えても，周辺の星間ガスと相互作用しながら，銀河円盤の中を運動していることがわかる。実際，太陽系の運動の様子は，NASAなどが運用してきた11機の太陽系探査衛星によって，40年間の歳月をかけて調べられている（図15-2）。

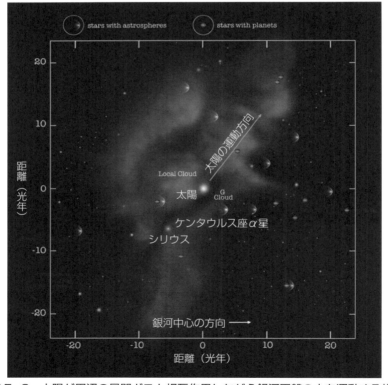

図15-2　太陽が周辺の星間ガスと相互作用しながら銀河円盤の中を運動する様子
　（出典：https://www.nasa.gov/content/goddard/interstellar-wind-changed-direction-over-40-years）

(3) 銀河系円盤の星間ガス

太陽系が銀河系の円盤の中を，銀河系の中心の周りを公転運動するとき，遭遇するのは恒星だけではない。円盤には恒星の他に星間ガスと呼ばれる多様なガス成分が存在する。その様子を見るために，電波からガンマ線まで，さまざまな波長帯で眺めた銀河系の姿を見てみることにしよう（図15-3）。

図15-3　さまざまな波長で眺めた銀河系の姿
各パネルとも，中央が銀河系の中心である。
（出典：アメリカ国立電波天文台（NRAO）提供の図を改変）

図15-3の各パネルを説明しよう。電波で見たのが図の一番上と3番目である。一番上は，周波数の低い0.4GHz（ギガヘルツ：ヘルツは1秒間あたりの振動数で，ギガは10億を意味する）の電波で見た銀河系である。この周波数帯の電波は熱放射の成分がほとんどである。上から3番目の高周波電波に比べて銀河面と垂直な方向に広がって見えているが，これは太陽系に比較的近い場所にある電離ガス領域の影響が見えて

いるためである。一方，上から3番目の図は，周波数の高い2.7GHzで見た銀河系である。この電波は，光速に近いスピードで運動する電子が磁力線の周りをらせん運動する時に放射するシンクロトロン放射がその起源である。

　上から2番目のH I [3]は中性水素原子のことである。H Iは波長21センチメートルの輝線（スペクトル線）を放射する。天の川の中にあるガスの90％は水素なので，銀河の円盤がきれいに見えている。一方，H_2の方は水素分子である（上から4番目）。水素分子はあまり電磁波を放射しないので，代わりに強い輝線放射を出すCO（一酸化炭素分子）を使って，分子ガス雲の分布が調べられている。この時よく使われるCO輝線は波長2.6ミリメートル（ミリ波電波），周波数115GHzで放射されている。

　上から5番目の遠赤外線は波長帯でいうと30ミクロンから100ミクロンの電磁波である。天の川の中を漂うガス（星間ガスと呼ばれる）の中にはダスト（塵粒子）もたくさんある（ガスに対する質量比は1/100程度）。天の川に含まれるガスの質量は太陽の10億倍にもなる。この1/100の質量を担うのがダストである。つまり，天の川には太陽の1000万倍の質量のダストがあることになるので，無視できない。これらのダストは星の放射する電磁波を吸収して温まる。とはいえ，温度は30K程度である。これらのダストは熱放射を出すが，その強度のピークがちょうど遠赤外線に来る。そのため，遠赤外線で銀河を見ると，ダストの空間分布が見えてくる。

　上から6番目の近赤外線は波長帯でいうと1ミクロンから5ミクロンの電磁波であるが，この図では波長2ミクロンで見たものである。この

---

[3] 原子は中性の場合I，一階電離の場合II，二階電離の場合IIIというように記号を付けて区別する。水素原子の場合はH_IとH_{II}の二種類になる。

波長帯の電磁波を放射するのは，太陽より軽い，表面温度の低い恒星たちである。太陽の表面温度は約6000 Kなので放射のピークは0.5ミクロン（図2-1），つまり可視光帯に来る。ところが太陽の1/10程度の質量しかない星の表面温度は3000 Kから4000 Kぐらいしかなく，放射される電磁波のピークは近赤外線帯に来る。すでに述べたように，近赤外線は可視光に比べてダストによる吸収や散乱の影響を受けにくいので，天の川の中の恒星の分布が可視光（下から3番目）に比べて良く見える。

下から2番目のX線は100万Kから1000万Kもの高温のプラズマから主として放射される。高温になるには，なんらかのエネルギーのインプットが必要である。例えば，星が死ぬ時の爆発現象である超新星爆発などがそのエネルギー源になっていると考えられている。

一番下のガンマ線は星内部の熱核融合の際にたくさん放射される。またX線同様，超新星爆発などの高エネルギー現象の際にも放射される。ガンマ線は，もともとは核子（原子核）から放射されるエネルギーの高い放射線として定義されていた。しかし，今では波長帯でX線やガンマ線を分類している。ちなみにガンマ線の波長は10 pm（1ピコメートル$= 10^{-12}$ m）より短い。ガンマ線が核子から放射されているものが多いのは事実である。そのため，ガンマ線の強度は物質がたくさんある方向で強い。ガンマ線は透過力が強いので隠された核子も見つけることができるので，物質の総量を評価するときに役立つ。

これだけ多様なガスが銀河円盤に共存しているのは不思議に思われるかもしれない。じつは，多様なガスは図15-4にあるように，概ね圧力平衡にあり，上手く共存しているのである。ただし，自己重力が効いてくると収縮して恒星を作るようになる。そのため，圧力平衡からずれて，図では右側にシフトしていく。図中でHⅡ領域とあるが，これは星生成領域で高温の大質量星に電離されたガスがある領域である。

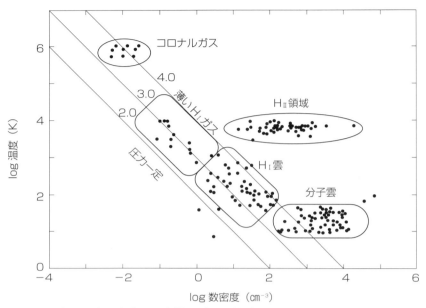

図15-4　銀河円盤に存在する多様なガスの性質を温度と数密度の図にプロットしたもの
コロナルガスは100万K程度のX線を放射する高温の電離ガス
(出典:『銀河進化論』塩谷泰広, 谷口義明より)

2. 銀河系の中の太陽系

　太陽系の年齢は地球や太陽系天体の年代測定から, 約46億歳であると考えられている。したがって, 太陽系の置かれている環境を考えるとき, 46億年に渡る歴史の中で考える必要がある。そこで, 太陽系は銀河系のどこにあるのかを考えてみることにしよう。じつは, これは意外と難しい問題である。なぜなら, 太陽系は銀河系の円盤の中にあるので, 円盤全体を上から眺めて, 太陽系の位置を確認することができないからである。

(1) 銀河系の円盤

まず，銀河系を含む全天を眺めてみると図15-5のように見える。可視光では銀河の円盤部にある塵粒子の散乱や吸収の影響が大きいので，波長約2ミクロン（μm）の近赤外線による画像を示した。近赤外線とはいえ，塵粒子の影響を受けるので，円盤部にはやや暗い筋が見えるものの，直径10万光年に及ぶ銀河円盤が美しく見えている。中央部にはやや膨らんだ構造のバルジと呼ばれる恒星の集団がある。しかし，これを見るだけでは銀河系の真の姿と太陽系の位置は不明のままである。

銀河系の全体像を見極めるには，銀河円盤の動力学的な性質を利用する方法がある。1927年，オランダの天文学者ヤン・オールトは太陽系の近傍の星々の運動から，銀河系は回転（自転）していることが突き止めた。円盤にある星々やガスは銀河円盤の質量分布を反映して運動しているので，逆に星々やガスの運動を詳細に調べると，円盤の質量分布がわかる。つまり，円盤の模様が見えてくることになる。

図15-5　近赤外線で見た銀河系（2MASS）
銀河系の円盤とバルジの他に，銀河系から約20万光年の距離にある大・小マゼラン雲が右下に見える。バルジの下に伸びる淡い構造は"いて座ストリーム"と呼ばれる構造で，10億年以上前に銀河系に衝突して合体した矮小銀河の名残である。
（出典：画像は「2MASS = 2 Micron All Sky Survey」による）

(2) 太陽系は銀河系のどこにあるのか？

　まず，円盤の星々の運動を調べてわかったことをまとめておこう。夜空の天の川を眺めると恒星がたくさん見えるが，それらは太陽系から約1000光年以内にある近傍の恒星である。銀河系には約2000億個もの恒星がある。したがって，円盤全体を調べようとすれば，当然ながらもっと遠方にある星々の分布と運動状態を調べなければならない。

　そこで役立つのが電波スペクトル線（輝線）を放射している恒星である。太陽のような主系列星は強い電波スペクトル線を放射することはないが，生まれたての若い恒星や，逆に老齢な恒星では星の外層部にある分子ガスが激しい衝突をしたり，中心星からの強い放射を受けることで，強い誘導放射を出すことがある。これらはメーザー放射と呼ばれる。メーザー（maser）はMicrowave Amplification by Stimulated Emission of Radiationの略である。光の場合はmicrowaveがlightになるのでレーザー（laser）と呼ばれる。よく知られたメーザー放射は水分子（H_2O）や一酸化硅素分子（SiO）から放射される。これらのメーザー放射は電波帯で放射されるが，電波は波長が長いので，塵粒子の吸収の影響をほとんど受けない。そのため，太陽系から遠くにある恒星の情報も得ることができる。このことに着目し，国立天文台では銀河系の地図を作成するために，VERA（VLBI Exploration of Radio Astronomy）プロジェクトを推進し，銀河系の円盤の様子をさぐりあてることに成功した。

　まず，VERAとは何かを説明しよう。図15-6に示すようにVERAは岩手県水沢，東京都小笠原，鹿児島県入来，沖縄県石垣島に口径20 mの電波望遠鏡を設置し，全体として口径2300 mの電波干渉計を構成している。このように独立したステーションに電波望遠鏡を設置して干渉計とするものを"超長基線干渉計（VLBI = Very Long Base line

Interferometer)" と呼ぶ。望遠鏡の口径は電波望遠鏡の距離になるので，高い角分解能が実現できるのがメリットである。ただ，感度は1つ1つの電波望遠鏡の口径20 mで決まるので，明るい電波源しか観測できない欠点はある。

VERAでは角分解能をさらに上げるために，地球の公転運動を利用する（図15-7）。これを利用することでVERAでは10マイクロ秒角（1秒角 = 1/3600度）の角分解能を実現している。このようにして，VERAでは図15-8に示したように52個のメーザー源の位置と速度を精密に測定することに成功した（図15-8）。そして，この情報を元に，

$R_\odot$ = 太陽系の銀河中心からの距離 = 26100光年

$V_\odot$ = 公転速度 = 240 km s^{-1}

であることが判明したのである（図15-9）。

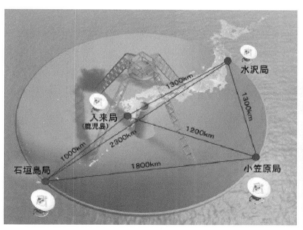

図15-6　VERAを構成する電波望遠鏡システム（左）と鹿児島県入来町にある口径20 mの電波望遠鏡（右）

（出典：http://www.miz.nao.ac.jp/vera/content/pr/pr20120925/c01）

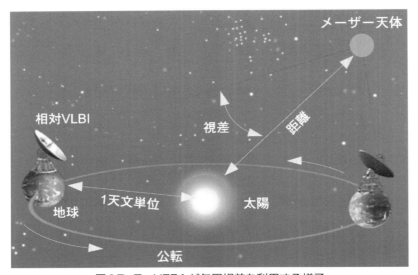

図 15-7　VERA が年周視差を利用する様子
（出典：http://www.miz.nao.ac.jp/vera/content/pr/pr20120925/c01）

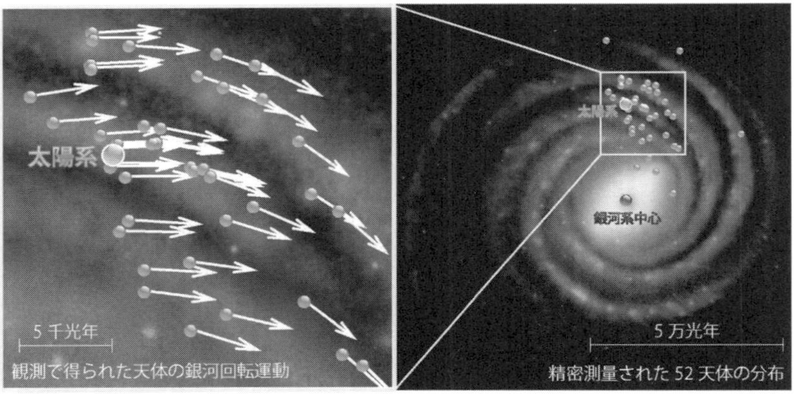

図 15-8　VERA が観測したメーザー放射をする 52 個の恒星の位置と運動（左）とそれらの星の銀河系円盤での分布図（右）
（出典：http://www.miz.nao.ac.jp/vera/content/pr/pr20120925/c01）

（3）銀河系の一員としての太陽系

太陽系の銀河円盤での位置と公転速度がわかったので，太陽系が銀河系の中心を周る公転周期 $T_\odot$ を求めてみよう（ここで，「$_\odot$」は太陽を示す）。

$$T_\odot = 2\pi R_\odot / V_\odot$$
$$= 2.1 \text{億年}$$

太陽（太陽系）の年齢は46億歳なので，太陽は生まれてから今までの間に，銀河円盤の回転に乗っ

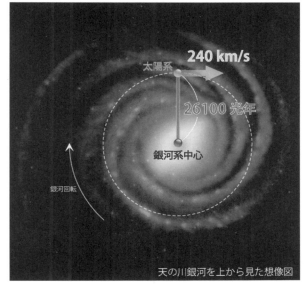

図15-9　VERAによって明らかにされた太陽の銀河系における位置と公転速度
（出典：http://www.miz.nao.ac.jp/vera/content/pr/pr20120925/c01）

て，銀河中心の周りをすでに約22回も周っていることになる。

確かに，今はたまたま，太陽系は周辺の星々から孤立している状況にいる。しかしながら，すでに見たように，太陽系は周辺の星間ガスと相互作用しており，厳密には孤立系ではない。現在の太陽系の周辺にある星間ガスは比較的希薄であり[4]，大きな構造を持たない。ところが，円盤部には巨大分子ガス雲と呼ばれる構造があり，質量は太陽の数万倍か

---

[4]　銀河系の円盤部に存在する星間ガスの平均的な個数密度は1ccあたり，水素原子1個程度である。

ら数百万倍にも及ぶ（図15-10を参照）。太陽系がこれらのガス雲を遭遇すると，大きく重力散乱されることになる。太陽系が46億年の間にどのような遭遇があったか不明ではあるが，そもそも現在の銀河中心からの距離を最初から維持していた可能性は低い。いずれにしても，太陽系の運動学的性質や化学的性質は，46億年の歴史の中で培われてきたものであることを認識しなければいけない。

3. 銀河系から銀河の世界へ

（1） 銀河系の姿

太陽系は銀河円盤の中にあるので，私たちは図15-5に示したような銀河系の姿しか見ることができない。図15-8や図15-9に示した銀河系の姿は，あくまでも想像図である。しかし，銀河円盤の中にあるガスの分布と運動を詳細に調べ，銀河円盤の理論的モデルを比較することで，銀河系の姿をコンピュータで推測することができる。

中性水素原子と水素分子（実際には一酸化炭素分子の輝線を用いる）の観測から得られた銀河円盤におけるガス分布を図15-10に示した。この分布に加えて，ガスの運動速度の情報があると，どのような物質分布が銀河の円盤に要求されるかがわかる。こうして得られた銀河系の姿を図15-11に示す。図15-10から予想された通り，銀河系は美しい渦巻を持つ円盤銀河であることがわかる。

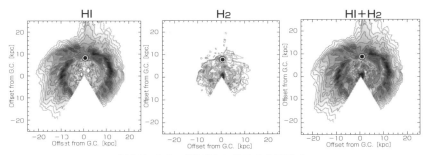

図15-10 銀河系のガスの空間分布
中性水素原子(左)，水素分子(中)，ガス(右) の総和

（図版資料提供：中西裕之氏）

図15-11 コンピュータで再現した星成分の空間分布
二重丸は太陽系の位置

（写真提供：馬場淳一氏）

(2) 銀河の世界

　こうして，銀河系は美しい渦巻を持つ円盤銀河であることがわかった。また，図15-11を注意深く見ると，円盤の中央に縦長な構造があ

る。これは棒状構造と呼ばれる。

　ここで，銀河系の比較的近くにある銀河を眺めてみよう（図15-12）。そこには多様な銀河の世界が広がっている。銀河系以外の銀河が宇宙にあることが判明したのは1924年のことである。米国の天文学者エドウィン・ハッブル（1889-1953）がアンドロメダ座にある渦巻星雲が銀河系とは独立した銀河であることを見抜いたことに端を発する。ハッブルはその後も銀河の研究を精力的に進め，1936年に銀河の分類体系をまとめた。それが図15-12である。

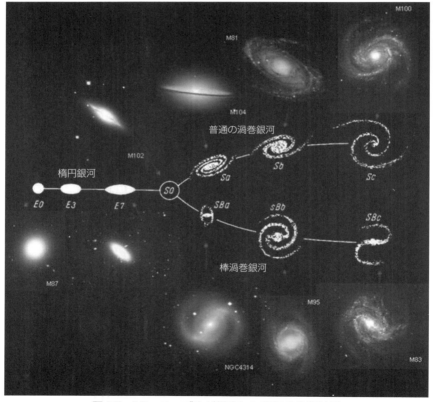

図15-12　ハッブルが提案した銀河の分類体系
　中央やや左にあるS0銀河は楕円銀河と円盤銀河を繋ぐ存在として仮説的に導入されたものだが，渦巻を持たない円盤銀河として実際に観測されている。

ハッブルは銀河を見かけ上,楕円に見える楕円銀河(図15-12の左の系列)と,円盤を持つ円盤銀河に分けた。また,円盤銀河は棒状構造の有無で棒渦巻銀河(図15-12の右下の系列)と普通の渦巻銀河(図15-12の右上の系列)に分けた。楕円銀河は天球面に投影した姿が楕円に見えるが,実際の形状は球などの回転楕円体構造を持つ。現在の宇宙では楕円銀河,渦巻銀河,棒渦巻銀河の比率はそれぞれ20%,40%,40%である。銀河系は図15-12のSBc銀河の形に似ている。銀河は宇宙に1兆個以上あると考えられているが,銀河系はその1つであり,なんら特別な銀河ではない。

4. 銀河系の誕生と進化

(1) 宇宙の誕生と進化

ここで,宇宙の誕生と進化を概観しておこう[5]。私たちの住む宇宙は遥か過去の昔から,今の形で定常的に存在してきたわけではない。138億年前,何もないところ(無)から忽然と生まれ,そのとき空間と時間が生まれたと考え(インフレーションと呼ばれる現象)

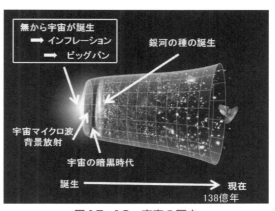

図15-13 宇宙の歴史
(出典:背景の図はウィルキンソン・マイクロ波異方性探査機(WMAP)による)

---

[5] 詳細は18年度開講のオンライン授業『宇宙,地球,そして人類』,19年度開講の放送授業『宇宙の誕生と進化』を参照。

られている。宇宙はその状態を激しく変化させながら瞬時に大きくなり，膨大な熱エネルギーのおかげで膨張し始めた。これが現在受け入れられている"ビッグバン宇宙論"である。高温・高圧だった最初の3分間に水素とヘリウムを作り，その後も膨張を続ける。膨張と共に宇宙の温度は下がり，2億年ぐらい経過すると冷たい分子ガス雲ができて恒星が生まれだした。銀河の種である。これらの種同士が多数合体し，138億歳の現在，多様な銀河の世界が出来上がったのである（図15-13）。

（2）銀河の誕生と進化

　このシナリオに則れば，銀河系も小さな銀河の種から出発し，130億年以上の時間をかけて，現在の姿に進化してきたことになる。その様子を図15-14に示した。本書では詳しく述べないが，このような銀河の進化，より一般的には宇宙における構造形成は，私たちの知っている普通の物質（原子でできている物質）ではなく，正体不明の暗黒物質（ダークマター）がその重力で牽引してきたと考えられている。いずれにしても，数十億年前には銀河系などの銀河はまだ周辺にある小さな銀河と合体を続けながら成長している最中だったはずである。実際，そのような合体の痕跡が銀河系にもまだ残っている（図15-5の"いて座ストリーム"）。

（3）銀河系の行方

　現在，銀河系は極めて安定期にあり，円盤には美しい渦巻構造もある（図15-11）。しかし，この安定期は長くは続かない。数十億年後にはアンドロメダ銀河と合体して，巨大な1つの楕円銀河に進化していくからである（図15-15）。このとき，銀河系とアンドロメダ銀河の周りにある約40個の小さな銀河も合体に巻き込まれる。

図15-14 円盤銀河のできる様子
（a）濃いガスの内側で，白く見えるところでは星が生まれ始めている。ガスの分布は暗黒物質の分布に支配されていることに注意。（b）（c）育ちつつある小さな銀河は近くにある銀河と遭遇し，合体していく。（d）（e）（f）合体は周辺にある小さな銀河を取り込みながら進み，やがて巨大な円盤銀河に育っていく。

（出典：http://4d2u.nao.ac.jp/t/var/download/spiral2.html）

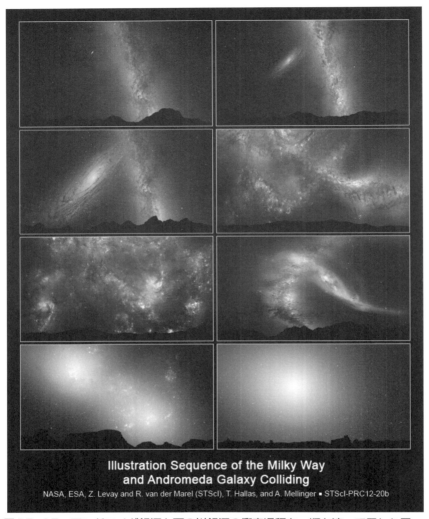

図15-15 アンドロメダ銀河と天の川銀河の衝突過程を,順を追って示した図

1段目左:現在,1段目右:20億年後,2段目左:37.5億年後,2段目右:38.5億年後,3段目左:39億年後,3段目右:40億年後,4段目左:51億年後,4段目右:70億年後

(出典:STScI/ESA/NASA)

太陽の寿命はあと50億年ぐらいだが，仮に100億年後も存在しているとすると，合体した楕円銀河の比較的外側に位置しているだろう（図15-16）。もちろん，太陽系は消滅しているので，人類も消えている。そのとき，果たして人類のような知的生命体は他の恒星に再び現れているのだろうか？

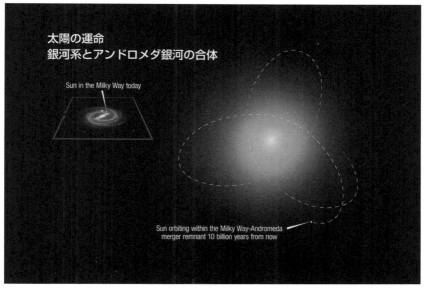

図15-16　合体の過程で太陽の位置が変化していく様子（点線）
　100億年後，太陽は巨大な楕円銀河の中で，矢印の位置にいる。なお，現在の天の川銀河では，太陽は銀河の中心から約2.6万光年離れた場所にいる（左上の小さな図）

（出典：STScI/ESA/NASA）

5. 銀河におけるハビタブルゾーン

（1）宇宙の中の銀河系に住む

こうして，宇宙という枠組みの中で，銀河の誕生と進化，そしてその行く末を眺めてみると，私たち人類は，まさに一瞬の宇宙に住んでいるような気がしてくる。じつは，実際にはその通りなのである。

そう考えると，逆に，なぜ今の時代，私たちは銀河系の中の太陽系に住んでいるのかが気になってくるであろう。偶然か？　あるいは，必然か？　残念ながらすぐに答えが得られる問題ではない。しかし，その理由を考えてみることは有意義であろう。

（2）ハビタブルゾーン

私たちは太陽系の第3惑星である地球に住んでいる。では，私たちはなぜ地球を選んだのだろうか？　それは，人類という知的生命体にとって地球が住みうる（ハビタブル）惑星であったということだろう。いくつかの要因を挙げてみると以下のようになる。

- 生命活動を維持するのに必要な液体の水の存在
  （主星の光度，主星からの距離，惑星の質量など）
- 安定した生命活動を維持できる場所としての陸地の存在
  （プレートテクトニクスによる陸地の形成，気候の安定化など）
- 生命の進化に十分な時間が確保できる主星の存在
  （太陽の寿命は約100億年である）
- 主星の周りを回る惑星の公転軌道が力学的に安定している
  （円軌道に近い。大惑星の擾乱の影響がほとんどない）

ざっと考えただけで，これらの要因が必要そうである。しかし，これらは主星と惑星という観点から考えられたものに過ぎない。

じつは，銀河系（あるいは銀河）の中でも，ハビタブルな環境は限定されるという仮説が提唱されている。これは"銀河生命居住可能領域（Galactic Habitable Zone, GHZ）"と呼ばれる。以下に幾つかの条件を挙げておこう。

・他の恒星との遭遇頻度が低い
　（遭遇すると恒星系内にある小天体の軌道が乱され，惑星への突入確率が高まる）
・周辺で超新星爆発が発生する頻度が低い
　（爆風波による大気の異常，放射線被曝など）
・巨大分子ガス雲との遭遇頻度が低い
　（寒冷化など）

　これらに加えて化学組成の影響もある。重元素（炭素以降の重い元素）がなければ生命活動を維持する機構が得られないので，銀河系（銀河）の中で恒星の誕生と死のサイクルがある程度進行してからでないと，生命の誕生はないであろう。これは，宇宙誕生からの経過時間と銀河系（銀河）における星生成史が絡んでくる[6]。化学組成が与えるもう1つの影響は惑星の質量である。重元素量が多いと，巨大惑星の形成が促されるので，地球型惑星が安定して存在できる確率が減少すると予想されるからである。銀河系（銀河）の中では，中心に近いほど重元素量が多い傾向がある（これは星生成率が中心に近いほど高かったからである）。一方，銀河系（銀河）の外縁部では重元素量はかなり少なく，惑星形成の材料となる塵粒子（固体物質）が足りない。このことを考慮す

---

[6]　私たちに誕生から138億年経過した宇宙に住んでいる。この理由は生命活動を行うのに必要な重元素がある程度蓄えられた時期でなければ，人類のような知的生命体は誕生しないとも考えられる。この考え方は"弱い人間原理"と呼ばれ，1961年，米国の物理学者ロバート・ディッケ（1916–1997）により提案された。

ると，銀河円盤の適当な位置に存在することが重要なハビタブル条件の1つになる。

このように見てくると，私たちが現在太陽系で知的生命活動を行っていることは奇跡に近いように思えてくる。ハビタブルゾーンの研究は最近になって盛んに行われるようになってきたが，この観点から太陽と太陽系を見直してみることは，今後ますます重要になるであろう。

（3）太陽と太陽系の科学の行方

ところで，太陽系を調べ尽せば，太陽系の起源はわかるのだろうか？

例えば，すべての小惑星や太陽系外縁小天体を調べ尽せばわかるだろうか？　これについては明確な答えがある。絶対にわからないということである。地球を調べつくしても地球の起源がわからないのと同じ論理である。

宇宙の歴史の中で，そして銀河系の歴史の中で，どのような物理過程（化学過程も含む）が本質的に重要であったのかを論理的に詰めていかなければならない。

では，太陽系を詳細に調べる意義はないのだろうか？　それは決してそうではない。太陽系は恒星系としてはもっとも身近に調べられる存在であり，あらゆる手段を講じて調べて，理解に努めるべき対象である。銀河系，あるいは他の銀河における恒星系をトータルに理解していくときの試金石になることは間違いない。今後とも，太陽と太陽系の科学が進展していくことを念じよう。

参考文献

谷口義明，祖父江義明，岡村定矩　編『銀河I』（シリーズ現代の天文学　第4巻）日本評論社，2007

祖父江義明，家正則，有本信雄　編『銀河II』（シリーズ現代の天文学　第5巻）日本評論社，2007

福井康雄，大西利和，中井直正　編『星間物質と星形成』（シリーズ現代の天文学　第6巻）日本評論社，2008

吉岡一男『宇宙とその進化』放送大学教育振興会，2015

谷口義明『宇宙進化の謎』講談社，2011

谷口義明『天の川の消える日』日本評論社，2018（刊行予定）

索引

●配列は五十音順, ＊は人名を示す.

●あ 行
アイソスタシー　102
アイボール・アース　270
アインシュタイン＊　96
アウトフローチャネル　145, 151
アステロイド（asteroid）　18
アセノスフェア　103
天の川銀河　81
アマルシア　200
アリストテレス＊　92
『アルマゲスト』　13, 92
暗黒物質　294
イオ　192, 199
イオンの尾（イオンテイル）　221
池谷・関彗星　31
一次元素　49
イトカワ　216
糸川英夫＊　250
隕石　222
インフレーション　293
渦巻銀河　292
宇宙天気　78
宇宙の誕生と進化　293
宇宙風化　216
エウロパ　194, 199, 276
エッジワース・カイパーベルト天体
　　16, 237, 238
エリス　230
エンケラドゥス（エンセラダス）
　　174, 196, 277
円盤銀河　290
おうし座HL星　33
おおすみ　244
オールトの雲　32, 242

オーロラ　76
オポチュニティ　146
オリオン大星雲　81
オリンポス山　150

●か 行
カークウッドギャップ　214
海王星　177, 188
海王星以遠天体　16
海王星の大暗斑　181
外核　102
角運動量　22
角運動量保存の法則　95
かぐや　107, 247
ガス円盤　23
カスプ構造　73
火星　128, 139
　　－の進化　145
火星探査の歴史　139
カッシーニ＊　164
カッシーニ探査機　199
褐色矮星　50
ガニメデ　196, 199
カリスト　196, 199
ガリレオ・ガリレイ＊　14, 66, 93
ガリレオ衛星　167, 199
ガリレオ探査機　199
カロン　230
カント＊　82
カンブリア紀　100
かんらん岩　120
キュリオシティ　147
旧暦　114
共鳴（レゾナンス）　213

極偏東風　105
巨大ガス惑星　161
巨大衝突説　111
極冠　153
銀河円盤　280
銀河系　81
　　　－の姿　290
　　　－の行方　294
金星　123
クレーター　131, 132, 224
クレーター年代学　121, 132
グレゴリオ暦　113
系外惑星　266, 268
ケプラー＊　12, 94
ケプラー62惑星系　266
ケプラーの法則　12, 94
ケレス（セレス）　211, 230
原核生物　100
原始太陽系円盤　84
原始惑星　84, 130
元素　81
ケンタウルス座 a 星　35, 269
ケンタウルス族　237
紅炎　75
後期重爆撃期　91, 100
恒星の一生　53
恒星の光度　51
恒星の光度階級　43
恒星の質量　50
恒星の初期質量関数（IMF）　51
黄道十二宮　160
光年　55
コールドプルーム　102
黒体放射　38
黒点　70
黒点の11年周期　67

ゴダード＊　250
コペルニクス＊　14, 93
コペルニクス的転回　93
コマ　221
コロナ　69, 75
コロナ（金星）　125
コロナホール　69

● さ 行

彩層　69
さきがけ　246
朔望月　113
散在流星　223
三体問題　88, 212
サンプルリターン　258
散乱円盤天体　237, 239
シアノバクテリア　100
磁気嵐　78
磁気再結合　73
磁気モーメント　166
質量欠損　47
質量−光度関係　51
周期彗星　218
周転円　93
重力崩壊　55
主系列星　40, 52
シュテファン・ボルツマン定数　38
シュテファン・ボルツマンの法則　38
シュレディンガー＊　96
準惑星（dwarf planet）　18, 208, 230
衝突クレーター　127, 130, 195, 224
小惑星（minor planet）　18, 210
小惑星帯　169
ジョルダーノ・ブルーノ＊　93
人工衛星　244
真核生物　100

尺数関係　213
深層　106
深層循環　106
水温躍層　106
彗星　30, 218
水星　132
水素燃焼　40, 46
スーパーアース　267
スーパーコールドプルーム　102
スーパーホットプルーム　102
スノーボールアース　101
スノーライン　85, 168
スピキュール　72
スプートニク1号　244
スペースガード　225
星間雲　81
星間ガス　280
星間ガスによる吸収　59
星間吸収　59
星間塵　81
成層圏　104
生命の材料　264
石質隕石　222
赤色巨星　54
赤色矮星　268
石鉄隕石　222
雪線　85
絶対等級　40, 57
セドナ（sedna）　27, 239
先カンブリア時代　100
全球凍結　101
族（ファミリー）　214

●た　行
ダーク・フィラメント　75
ダークマター　294

第9惑星（プラネット・ナイン）　27, 187
太陰太陽暦　114
太陰暦　113
大赤斑　163
タイタン　167, 197
ダイナモ理論　184
大白斑　164
第二の地球　269
太陽　37
太陽系　10
太陽系外縁天体　16, 84, 186, 229, 236
太陽系形成論　82
太陽系小天体（small solar system bodies）　18
太陽系の尾　279
太陽黒点　64
太陽日　113
太陽定数　62
太陽の11年周期　64
太陽の進化　55
太陽の内部構造　67
太陽の物理量　37
太陽表面での現象　69
太陽風　76
太陽プロント現象　78
太陽暦　113
対流圏　104
楕円銀座　293
探査車（ローバー）　142
短周期彗星　30, 218, 242
炭素質コンドライト　223
地殻　102
地球外生命　263, 273
地球型惑星　25, 118
　　　－の熱進化　121
地動説　93

中間圏　104
中秋の名月　115
中心力　95
中性子星　55
チューレ群　214
超イオン水　279
長周期彗星　30, 218, 242
超新星爆発　81, 264
潮汐　109
潮汐加熱　194
潮汐力　110
超臨界流体　278
塵の尾（ダストテイル）　221
ツィオルコフスキー*　250
月　106, 129
－の地殻　130
ツングースカ大爆発　225
ティコ・ブラーエ*　12, 56, 94
ティティウス・ボーデの法則　19, 211
テセス　201
テセラ　125
鉄隕石　222
『天体（天球）の回転について』　14, 93
天動説　92
伝統的七夕　114
天王星　176, 188
天王星型惑星　25, 118
天王星の暗斑　180
天文単位　38
導円　93
等級　40, 57
等級と光度の関係　57
凍結線　168
土星　160
土星探査　173
トライトン　202

トラピスト1e,f,g　271
トリプル α 反応　48
トロヤ群　212, 214
トンボー　16

●な　行

内核　102
ニース・モデル　90
二次元素　49
二体問題　88
ニュートン*　13, 96
熱核融合　45
熱圏　104
年周視差　56

●は　行

ハーシェル*　15, 176
パーセク（pc）　56
バイオマーク　274
バイキング1号　140
白色矮星　54
白斑　164
波長帯（バンド）　58
ハドレー循環　105
ハビタブルゾーン　98, 266, 275, 298
ハッブル*　292
林忠四朗*　83
はやぶさ　246
ハリー（ハレー）*　218
ハリー（ハレー）彗星　218
バルジ　285
バレーネットワーク　145
万有引力の法則　13
非周期彗星　218
ピタゴラス*　92
ビッグバン宇宙論　80, 294

ビッグバン原子核合成　49
ヒッパルコス＊　92
表層混合層　106
秤動　109
ヒルダ群　214
微惑星（planetesimal）　84
風成循環　106
フォン・ブラウン＊　250
普通コンドライト　216, 223
プトレマイオス＊　13, 92
フライバイ　258
プラズマ　76
ブラックホール　55
『プリンピキア（自然哲学の数学的諸原理）』　13, 96
フレア　73
プレート　103, 122
プレートテクトニクス　122
プロキシマ・ケンタウリ　268
フロストライン　168
プロミネンス　74
分子雲　82
分子雲コア　23, 51
分子ガス双極流　23
平均運動共鳴　91
ヘール＊　66
ヘリウム燃焼　48
ヘルツシュプルング・ラッセル図　40
ペンシルロケット　251
偏西風　105
ボイジャー1号　172, 192
棒渦巻銀河　293
貿易風　105
ホット・ジュピター　169
ホットプルーム　102

●ま 行

マーズ・パスファインダー　151
マイグレーション　89
マウンダー極小期　67
マグマオーシャン　99
マリネレス峡谷　150
マントル　102, 120
マントル対流　122
見かけの等級　57
水　265
ミマス　200
ミランダ　201
冥王星　228
メーザー放射　286
メッセンジャー探査機　132
面積速度一定の法則　12
木星　160
木星型惑星　25, 118
木星氷衛星探査計画（JUICE）　173
木星探査　172
木星の四大衛星　167

●や・ら・わ 行

ヤン・オールト＊　285
陽子−陽子連鎖反応　48, 54
ラプラス＊　82
ランデブー　258
リソスフェア　103
粒状斑　71
流星　223
流星群　223
暦　113
レゴリス　107
ロゼッタ　220
惑星状星雲　54

■アルファベット
AB等級　58
asteroid（アステロイド）　18
au（astronomical unit）　38
CNOサイクル　48
dwarf planet（準惑星）　18, 230
HR図　40
IMF（恒星の初期質量関数）　51
JUICE木星氷衛星探査計画）　173
minor planet（小惑星）　18
MK分類　43
planetesimal（微惑星）　84
small solar system bodies（太陽系小天体）　18
TNO（trans-Neptunian object：海王星以遠天体）　16
αケンタウリ　35

分担執筆者紹介

(執筆の章順)

吉川　真（よしかわ　まこと）　・執筆章→第4・5・11・12・13章

1962年　栃木県に生まれる
1989年　東京大学大学院理学系研究科博士課程修了
現在　　JAXA宇宙科学研究所　准教授・理学博士
専攻　　天体力学
主な著書　天体の位置と運動：シリーズ現代の天文学第13巻
　　　　（第3章を執筆　日本評論社）
　　　　図解雑学　よくわかる宇宙のしくみ（監修　ナツメ社）
　　　　天文学への招待（共著　朝倉書店）
　　　　図鑑宇宙（監修　学研）
　　　　大隕石衝突の現実（共著　ニュートンプレス）

宮本　英昭（みやもと　ひであき）　・執筆章→第6・7・10章

1970年　千葉県に生まれる
1995年　東京大学理学部地学科卒業
現在　　東京大学大学院　教授・博士（理学）
専攻　　惑星地質学
主な著書　惑星地質学（東京大学出版会）
　　　　鉄学　137億年の宇宙誌（岩波書店）

渡部　潤一（わたなべ　じゅんいち）

・執筆章→第8・9・14章

1960年	福島県会津若松市生
1983年	東京大学理学部天文学科卒業
1987年	同大学大学院理学系研究科天文学専門課程博士課程中退
現在	自然科学研究機構国立天文台　教授・理学博士
専攻	太陽系天文学
主な著書	「星の地図舘」小学館（共著）
	「新しい太陽系」新潮社新潮新書
	「ガリレオがひらいた宇宙のとびら」旬報社
	「夜空からはじまる天文学入門」化学同人
	「面白いほど宇宙がわかる15の言の葉」小学館101新書
	「最新　惑星入門」朝日新書（共著）
	ほか多数

編著者紹介

谷口　義明（たにぐち　よしあき）

・執筆章→第1・2・3・15章

1954年	北海道に生まれる
1978年	東北大学理学部天文学及び地球物理学科第一卒業
1984年	東北大学大学院理学研究科博士課程天文学専攻中退
現在	放送大学　教授・理学博士
専攻	天文学
主な著書	「新・天文学事典」（講談社）
	「宇宙進化の謎」（講談社）
	「谷口少年、天文学者になる」（海鳴社）
	「銀河宇宙観測の最前線」（海鳴社）
	ほか多数

放送大学教材　1562878-1-1811（テレビ）

太陽と太陽系の科学

発　行　　2018 年 3 月 20 日　第 1 刷
　　　　　2021 年 2 月 20 日　第 3 刷
編著者　　谷口義明
発行所　　一般財団法人　放送大学教育振興会
　　　　　〒 105-0001　東京都港区虎ノ門 1-14-1　郵政福祉琴平ビル
　　　　　電話　03（3502）2750

市販用は放送大学教材と同じ内容です。定価はカバーに表示してあります。
落丁本・乱丁本はお取り替えいたします。

Printed in Japan　ISBN978-4-595-31904-4　C1344